U0280042

西方建筑的故事

巨人的文明

——罗马，从共和国到帝国，从恺撒到基督——

陈文捷 著

机械工业出版社
CHINA MACHINE PRESS

这是一本为建筑、规划和设计专业人士，以及广大艺术爱好者而著的有故事的罗马建筑史。本书将不仅为您详尽介绍罗马各个时代的城市和建筑的特征及发展脉络，还会抖开历史的尘土，为您讲述这些建筑背后的故事，再现罗马从共和国走向帝国、从恺撒的世界变成基督的世界这样一个波澜壮阔又跌宕起伏的历程。本书配有510余幅精美的插图辅助您的阅读。

图书在版编目（CIP）数据

巨人的文明：罗马，从共和国到帝国，从恺撒到基督 / 陈文捷著 .
—北京：机械工业出版社，2018.6（2021.5重印）
（西方建筑的故事）
ISBN 978-7-111-59581-6

Ⅰ.①巨… Ⅱ.①陈… Ⅲ.①建筑史—罗马 Ⅳ.①TU-095.46

中国版本图书馆 CIP 数据核字（2018）第 063044 号

机械工业出版社（北京市百万庄大街 22 号 邮政编码 100037）
策划编辑：时 颂 责任编辑：时 颂
责任校对：蔺庆翠 封面设计：刘硕诗
责任印制：常天培
北京联兴盛业印刷股份有限公司印刷
2021 年 5 月第 1 版第 3 次印刷
148mm × 210mm · 9.625 印张 · 2 插页 · 250 千字
标准书号：ISBN 978-7-111-59581-6
定价：69.00 元

电话服务
客服电话：010－88361066
010－88379833
010－68326294

网络服务
机 工 官 网：www. cmpbook. com
机 工 官 博：weibo. com/cmp1952
金 书 网：www. golden-book. com
机工教育服务网：www. cmpedu. com

《西方建筑的故事》丛书序

一部建筑史，里面究竟该写些什么？怎么写？有何意义？我在大学开设建筑史课程已经20年了，对这些问题的思考从没有停止过。有不少人认为建筑史就是讲授建筑风格变迁史，在这个过程中，你可以感受到建筑艺术的与时俱进。有一段时间，受现代主义建筑观以及国家改革开放之后巨大变革进步的影响，我也认为，教学生古代建筑史只是增加学生知识的需要，但是那些过去的建筑都已经成为历史了，设计学习应该更加着眼于当代，着眼于未来。后来有几件事情转变了我的观念。

第一件事是在2005年的时候，我在英国伦敦住了一个月，亲眼见识到那些当代最摩登的大厦却与积满了厚重历史尘土的酒馆巷子和睦相处，亲身体会到在那些老街区、窄街道和小广场中行走和消磨时光的乐趣，第一次从一个普通人而不是建筑专业人员的视角来体验那些过去只是在建筑专业书籍里看到的、用建筑专业术语介绍的建筑。

第二件事是2012年的时候，我读了克里斯托弗·亚历山大（C. Alexander）写的几本书。在《建筑的永恒之道》这本书中，亚历山大描述了一位加州大学伯克利分校建筑系的学生在读了也是他写的《建筑模式语言》之后，惊奇地说："我以前不知道允许我们做这样的东西。"亚历山大在书中特别重复了一个感叹句："竟是允许！"我觉得，这个学生好像就是我。这本书为我打开了一扇通向真正属于自己的建筑世界的窗子。

第三件事就是互联网时代的到来和谷歌地球的使用。尤其是谷歌地球，其身临其境的展示效果，让我可以有一个摆脱他人片面灌输、而仅仅用自己的眼光去观察思考的角度。从谷歌地球上，我看到很多在专业书籍上说得玄乎其玄的建筑，在实地环境中的感受并没有那么好；看到很多被专业人士公认为是大师杰作的作品，在实地环境中却显得与周围世界格格不入。而在另一方面，我也看到，许许多多从未有资格被载入建筑史册的普普通通的街道建筑，看上去却是那样生动感人。

这三件事情，都让我不由得去深入思考，建筑究竟是什么？建筑的意义又究竟是什么？

现在的我，对建筑的认识大体可以总结为两点：

第一，建筑是一门艺术，但它不应该仅仅是作为个体的艺术，更应该是作为群体一分子的艺术。历史上不乏孤立存在的建筑名作，从古代的埃及金字塔、雅典帕提农神庙到现代的朗香教堂、流水别墅。但是人类建筑在绝大多数情况下都是要与其他建筑相邻，作为群体的一分子而存在的。作为个体存在的建筑，建筑师在设计的时候可以尽情地展现自我的个性。这种建筑个性越鲜明，个体就越突出，就越可能超越地域限制。这是我们今天的建筑教育所提倡的，也是今天的建筑师所孜孜追求的。然而，这样的建筑与摆在超市中出售的商品有什么区别呢？具有讽刺意味的是，当一个设计获得了最大的自由，可以超越地域和其他限制放在全世界任何地方的时候，实际上反而是失去了真正的个性，随波逐流而已。而相反，如果一座建筑在设计的时候，更多地去顾及周边的其他建筑群体，更多地去顾及基地地理的特殊性，更多地去顾及可能会与建筑相关联的各种各样的人群，注重在这种特殊性的环境中，与周围其他建筑相协作，进行有节制的个体表现，这样做，才能够真正形成有特色的建筑环境，才能够真正让自己的建筑变得与众不同。只是作为个体考虑的建筑艺术，就好比是穿着打扮一样，总会有“时尚”和“过气”之分，总会有“历史”和“当代”之别，总会有“有用”和“无用”之问；而作为群体交往的艺术是任何时候都不会过时的，永远都会有值得他人和后人学习和借鉴的地方。

第二，建筑不仅仅是艺术，建筑更应该是故事，与普普通通人的生活紧密联系的故事。仅仅从艺术品的角度来打量一座建筑，你的眼光势必会被新鲜靓丽的五官外表所吸引，也仅仅只被它们所吸引。可是就像我们生活中与人交往一样，有多少人是靠五官美丑来决定朋友亲疏的？一个其貌不扬的人，可能却因为有着沧桑的经历或者过人的智慧而让人着迷不已。建筑也是如此。我们每一个人，都可能会对曾经在某一条街道或者某一座建筑中所发生过的某一件事情记忆在心，感慨万端，可是这其中会有几个人能够描述得出这条街道或者这座建筑的具体造型呢？那实在是无关紧要的事情。一座建筑，如果能够在一个人的生活中留下一片美好的记忆，那就是最美的建筑了。

带着这两种认识，我开始重新审视我所讲授的建筑史课程，重新认识建筑史教学的意义，并且把这个思想贯彻到《西方建筑的故事》这套丛书当中。

在这套丛书中，我不仅仅会介绍西方建筑个体风格的变迁史，而且会用很多的篇幅来讨论建筑与建筑之间、建筑与城市环境之间的相互关系，充分利用谷歌地球等技术条件，从一种更加直观的角度将建筑周边环境展现在读者面前，让读者对建筑能够有更加全面的认识。

在这套丛书中，我会更加注重将建筑与人联系起来。建筑是为人而建的，离开了所服务的人而谈论建筑风格，背离了建筑存在的基本价值。与建筑有关联的人不仅仅是建筑师，不仅仅是业主，也包括所有使用建筑的人，还包括那些只是在建筑边上走过的人。不仅仅是历史上的人，也包括今天的人，所有曾经存在、正在存在以及将要存在的人。他们对建筑的感受，他们与建筑的互动，以及由此积淀形成的各种人文典故，都是建筑不可缺少的组成部分。

在这套丛书中，我会更加注重将建筑史与更为广泛的社会发展史联系起来。建筑风格的变化绝不仅仅是建筑师兴之所至，而是有着深刻的社会背景，有时候是大势所趋，有时候是误入歧途。只有更好地理解这些背景，才能够比较深入地理解和认识建筑。

在这套丛书中，我会更加注重对建筑史进行横向和纵向比较。学习建筑史不仅仅是用来帮助读者了解建筑风格变迁的来龙去脉，不仅仅是要去瞻仰那些在历史夜空中耀眼夺目的巨星，也是要在历史长河中去获得经验、反思错误和吸取教训，只有这样，我们才能更好地面对未来。

我要特别感谢机械工业出版社建筑分社和时颂编辑对于本套丛书出版给予的支持和肯定，感谢建筑学院 App 的创始人李纪翔对于本套丛书出版给予的鼓励和帮助，感谢张文兵为推动本套丛书出版和文稿校对所付出的辛苦和努力。

写作建筑史是一个不断地发现建筑背后的故事和建筑所蕴含的价值的过程，也是一个不断地形成自我、修正自我和丰富自我的过程。

本套丛书写给对所有建筑感兴趣的人。

陈文捷

2018 年 2 月于厦门大学

前　言

最早了解罗马建筑，跟大家一样，是从罗马的大角斗场开始的。然后知道罗马人在罗马不但建造了大角斗场，还建造了大赛车场、大剧场和大浴场，觉得真是很了不起的事情。后来又知道，原来罗马人不是只在首都罗马城建这些公共建筑，他们实际上是在罗马帝国境内的每一座城市都建造起大角斗场、大赛车场、大剧场和大浴场，这份惊奇就大大加深了。再后来又发现，与这些了不起的巨型单体建筑相比，似乎罗马人为每一座城市供水而修建的输水道是一项更让人惊奇的成就。比如尼姆城的输水道，50 公里的长度，头尾的水位落差只有 17 米，相当于每 1 米距离只能下落 0.34 毫米，而且沿途还要遇山凿洞、逢水架桥，每天输水多达 2 万吨，这如何能做到呢？而现在，最让我感到惊奇的是，罗马人所建设的这些物质成就几乎全部是用来提供给普通百姓使用的。平均下来，每一个普通的罗马人每天可以分配到差不多 1 吨的清洁用水，即使是奴隶也可以经常在公共浴场洗澡。他们出门旅行的时候，行走的全是石板铺的大路，沿途都有完善的路标、里程碑和驿站。哪怕是像阿尔卑斯山这样几千米高的雪山，他们都可以坐着马车一路穿行。或者是像多瑙河这样 1000 米宽的大河，他们也可以从平坦的大桥上驶过。要知道那是 2000 年前的罗马人啊！

令人惊奇的不止这些。除了不朽的恺撒，以及苏拉、尼禄、图拉真、戴克里先等这样一些伴随着罗马成长壮大的传奇人物，我还特别惊奇于耶稣和他创立的基督教。最初只不过是被罗马帝国征服和统治下的一个弱小而绝望的民族所信奉宗教中的旁门分支，300 年的时间，竟然席卷了整个帝国，并且最终把它彻底降服和改变。

下面，我将把我的这份惊奇用建筑的视角与大家分享。

《西方建筑的故事》
丛书序

前言

引子

王政时代 第一部

第一章
罗马王国

共和时代 第二部

第二章 罗马共和国

第三章 动荡年代

第三部 帝国时代

第四章 恺撒时代

第五章 奥古斯都时代

第六章 尤利乌斯一克劳狄乌斯王朝

第七章 弗拉维亚王朝

第四部 极盛时代

第八章 图拉真时代

第九章 哈德良时代

第五部 危机降临

第十章 安东尼和奥勒留时代

第十一章 塞维鲁王朝

第十二章
士兵皇帝时代

第十三章
从戴克里先到君士坦丁

第六部 帝国落幕

第十四章 基督教的胜利

第十五章 分裂与中兴

第十六章 拜占庭时代

尾声

附录

参考文献

引子

〜这是哪一种巨人的文明呢？
从旁经过的人宛如蚂蚁。〜

公元前334年，亚历山大（Alexander the Great，前356—前323）率领由三万步兵和五千骑兵组成的希腊远征军从家乡马其顿出发，开始东征。十年之内，人类历史最悠久的四大文明发源

亚历山大的征服（公元前334—前324年）

地中的三个——埃及、西亚和印度，先后被其征服，使其成就了不朽的伟业。在这样一个历史性的伟大时刻，罗马，这个看上去不过是遥远西方一个文化落后的蕞尔小国，还不够格吸引这位盖世英雄的目光。

可就是这个蕞尔小国，当亚历山大去世，他的帝国分崩离析之际，他们也开始迈出自己征服世界的步伐。罗马人从来没有进行过像亚历山大那样名垂青史的闪电战，可是他们征服世界的每一个脚步都很踏实。什么地方一旦被他们得到了，他们就一定会认真经营，绝不肯轻易放手。他们从来也不知道着急，只是一点一点地蚕食周边的土地，一步一步地延伸罗马军团的行军足迹，一块一块地将相邻地区并入到罗马版图之内。400 年的时间里，包括亚历山大的老家马其顿在内的整个希腊世界，亚历山大曾经征服过的小亚细亚、西亚和埃及，都成了罗马世界的一部分；而亚历山大从未到过的北非、西班牙和高卢，甚至遥远的不列颠，也都成为罗马世界的一员；地中海和黑海整个都变成了罗马的内海；罗马军团的旗帜飘扬在大

罗马帝国（公元117年）

由 I. Gismondi 于 1935 年开始制作的罗马城模型（本书中出现的罗马城模型除另行注明外均为此模型局部）

西洋与印度洋之间的广阔土地上。

在首都罗马——这座最多时拥有超过 100 万人口的城市，在前后超过 1000 年的时间里，罗马人建造起无数豪华壮丽的公共建筑，其中包括 28 座图书馆、11 座大广场、10 座大会堂、4 座赛车场（其中最大的可以容纳 30 万名观众）、2 座角斗场（其中最大的可以容纳 8 万名观众）、2 座体育场（其中最大的可以容纳 3 万名观众）、5 座大剧场（其中最大的可以容纳 2 万名观众）和 9 座大浴场（其中最大的可以容纳 3000 多人同时沐浴）。为这座城市提供清洁用水的 11 条输水道，每天向罗马城输水 112 万吨，平均每个人每天可以使用 1 吨水。这绝对称得上是古代世界历史上空前绝后最为壮丽辉煌的城市。

但罗马世界并非仅仅只有一个罗马城，还有几百个虽然较小一些但丝毫也不逊色的“罗马城”，分布在如今的意大利全境，分布

在如今的英国、法国、德国、西班牙、摩洛哥、阿尔及利亚、突尼斯、利比亚、埃及、约旦、黎巴嫩、叙利亚、土耳其、希腊、保加利亚、匈牙利以及前南斯拉夫的广大地区。他们中的每一个都拥有豪华壮丽的大广场、大赛车场、大角斗场、大剧场、大浴场，每一个都拥有几十到上百公里长的输水道。用来连接这些大大小小"罗马城"的，是全部用石头铺就的车行大道，总长度超过 30 万公里。这些大道遇山开洞，最长的公路隧道有 970 米深；逢水架桥，3000 座可以通车的永久性大桥，其中最长的一座江面宽度超过 1000 米。

法国作家 E. 左拉（E. Zola，1840—1902）曾经感慨："这是哪一种巨人的文明呢？从旁经过的人宛如蚂蚁。"美国诗人 E. 爱伦·坡（E. Allan Poe，1809—1849）则说："伟大属于罗马。"这实在是一个伟大的国家。

第一部

王政时代

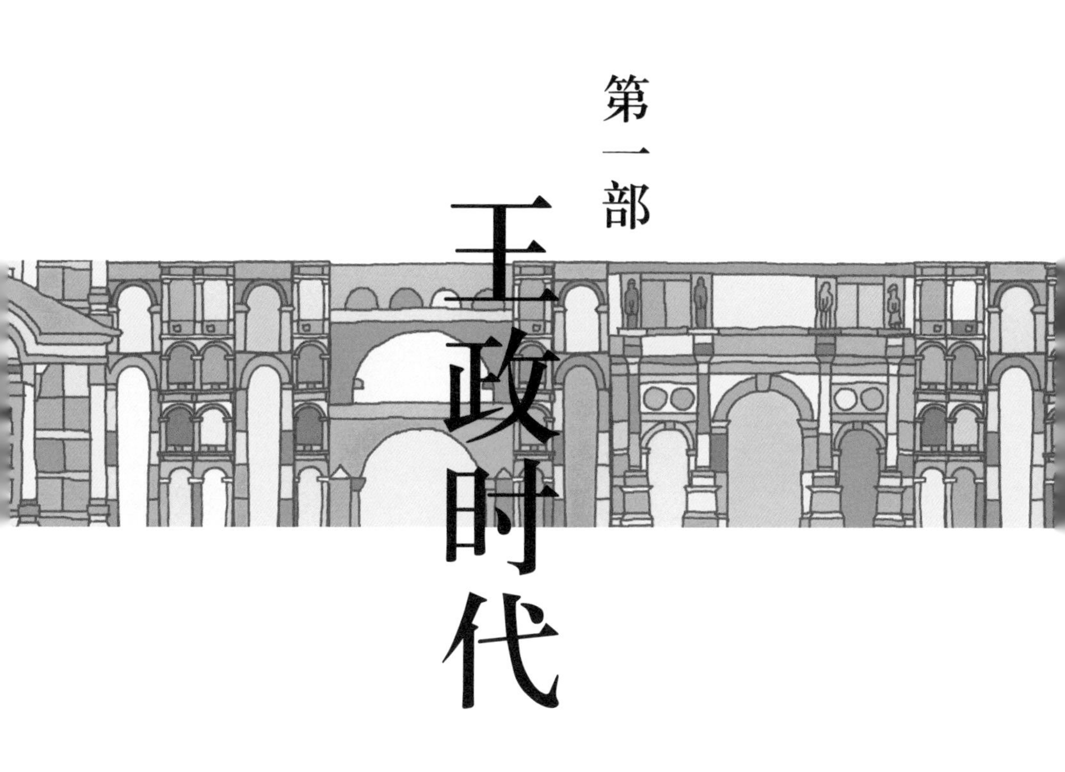

第一章 罗马王国

〔它的建造者必定料事如神，早就看出这片村落会变成一座百万居民的大城。〕

1-1 罗马诞生

根据古罗马的历史记载，罗马城是由罗慕路斯（Romulus，罗马第一任国王，前753—前717年在位）在公元前753年创立的。这一年距离第一届古希腊奥林匹克运动会大约过去13年。罗慕路斯是特洛伊英雄埃涅阿斯（Aeneas）的后代。在希腊联军使用木马计攻陷特洛伊城的时候，特洛伊国王的女婿埃涅阿斯遵照神的旨意，带领家人逃离了大火中的特洛伊城，辗转来到意大利。他的后代就在这片土地上繁衍生息。

几代人之后，传到了罗慕路斯。由于父辈的王位争执，他与孪生兄弟瑞摩斯（Remus）刚出生就被遗弃在台伯河（Tiber）畔。一只母狼喂养了他们。后来兄弟俩被牧羊人救起，以后就作为牧羊人渐渐长大。

报仇雪恨之后，兄弟俩和他们的追随者准备要在台伯河边建造一座新城。哥哥罗慕路斯看中了帕拉丁山（Palatine Hill），而弟弟瑞摩斯则选择阿芬丁山（Aventine Hill）。争执中，哥哥杀了弟弟。于是这座新城就定在了帕拉丁山，并且以哥哥罗慕路斯的名字命名为“罗马”。[1]

罗马的帕拉丁山和阿芬丁山

在新生的罗马周围还生活着萨宾人等其他部落。罗慕路斯带领的小伙伴们使用诡计夺走了萨宾妇女。大战一场之后双方最终和解。罗马人提议萨宾人迁移到帕拉丁山附近的奎里纳尔山（Quirinal Hill）居住，授予他们与罗马人完全相同的权利，共同建设这处家园。这以后，罗马人一直都遵循同样的方式对待被征服者，通过同化而不是奴役，最终使罗马成长为一个强大的帝国。

强夺萨宾妇女（作者：Giambologna）

罗慕路斯为罗马设立了特别的政治制度。作为国家领导人，

罗慕路斯（银币制作于公元前一世纪）

国王虽是终身任职，但却是由公民大会投票选举产生，不能世袭。各大家族的长老组成元老院，成为国王的主要顾问。国王、元老院和公民大会三足鼎立，成为罗马政治的坚实基础。

罗慕路斯死后，选举产生的第二任国王由萨宾人出任。以后的第三、第四任国王也是由拉丁人和萨宾人交替担当。在他们的领导下，罗马逐渐成长起来。周围的部落相继被打败，然后被同化，其主要成员迁入罗马，成为罗马的贵族和公民。日后赫赫有名的恺撒，他的祖先尤利乌斯家族就是在这个时候加入罗马的。

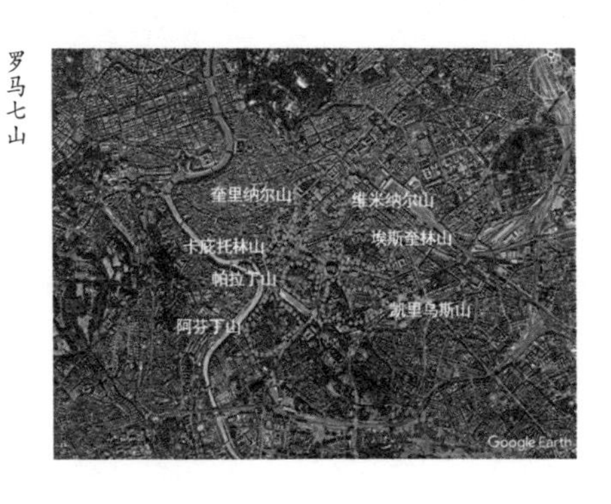

罗马七山

随着新成员的不断到来，帕拉丁山周围的其他几座小山埃斯奎林山（Esquiline Hill）、凯里乌斯山（Caelius Hill）和维米纳尔山（Viminal Hill）都住上了人，还有一座卡庇托林山（Capitolinus Hill）被留给诸神使用。伟大的罗马城就这样在这七座小山之间形成了。

1-2 伊特鲁里亚人统治时代的罗马

不久之后，又一个邻近部落开始强烈影响这个新生小国。这就是伊特鲁里亚人（Etruscans）。因为他们的语言和习俗与罗马人和其他拉丁人差异较大，他们的起源至今还是一个谜。希罗多德（Herodotus，前484—前425）认为他们来自吕底亚（Lydia，位于今土耳其西部），受饥荒影响，其中一部分人背井离乡来到意大利[2]，生活在今天意大利佛罗伦萨周围。这一片地区后来就以伊特鲁里亚人的族名命名为托斯卡纳（Tuscany）。公元前8世纪起，借助当地丰富的矿产资源，他们与意大利南部的希腊殖民地建立了密切的商业联系，接受了希腊文化和艺术的熏陶。

罗马与伊特鲁里亚

公元前616年，一位父亲是流亡的希腊科林斯人而母亲是伊特鲁里亚人的罗马新移民塔克文·普里斯库斯（Tarquinius

罗马第五任国王老塔克文（木刻画创作于公元16世纪）

Priscus，前 616—前 578 年在位）在公民大会上当选为罗马第五任国王。一个外来的移民，一个商人，竟然能够成为罗马国王，这是罗马制度包容性的最好证明。

不过，这个时候的罗马充其量只能算是建造在几座小山顶上的村庄群。由于技术水平的限制，他们并没有能力在小山之间布满沼泽的低地上建城。见多识广的塔克文做了国王之后，拉开了这座伟大城市的建设序幕。

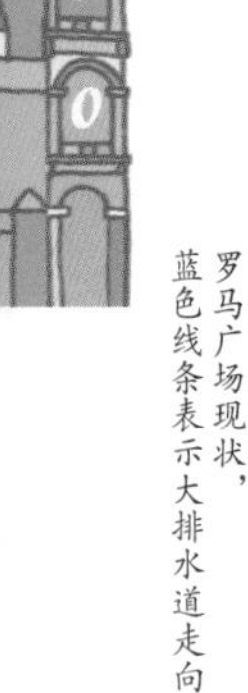

罗马广场现状，蓝色线条表示大排水道走向

罗马广场复原场景，蓝色线为大排水道

塔克文从他的家乡伊特鲁里亚招来了技术工匠，首先将位于卡庇托林山和帕拉丁山之间的小溪变成加了石头顶盖的地下排水道，把小溪两侧的沼泽地积水通过排水道引向台伯河。排除了积水的场地被用来修建希腊式的人民集会和贸易活动场所，由此形成罗马广场（Forum Romanum）的雏形，以后将逐渐发展成为罗马城的社会、政治和宗教活动中心。现代西方语言中的“首都”（Capital）一词就源于这座卡庇托林山，而“宫殿”（Palace）

一词则源于帕拉丁山。

这条排水道至今仍被使用。今天我们还可以在台伯河岸边看到它那巨大的排水口。美国城市学家L.芒福德（L. Mumford，1895—1990）形容说：“这条污水沟规模如此之大，这大约说明它的建造者必定料事如神，早就看出这片村落会变成一座百万居民的大城。”[3]

白色箭头处可以看见古老的排水口

塔克文还将帕拉丁山与阿芬丁山之间的河道覆盖，积水排干，然后在此修建了一座赛车场（Circus Maximus）以娱乐公众。在这里看赛车常常是免费的，其开支最初由国家负担，后来则往往由急于讨好选民的各种候选人承担。

大赛车场遗址

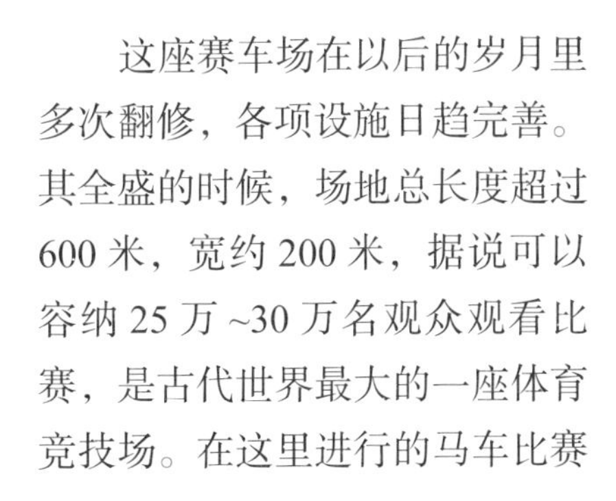

这座赛车场在以后的岁月里多次翻修，各项设施日趋完善。其全盛的时候，场地总长度超过600米，宽约200米，据说可以容纳25万~30万名观众观看比赛，是古代世界最大的一座体育竞技场。在这里进行的马车比赛

大赛车场复原场景

持续了1000多年。直到公元6世纪，在野蛮人的不断入侵以及一次次战争的摧残下，才最终被废弃。

罗马七山与塞维安城墙

塔克文死后，他的女婿塞尔维乌斯·图利乌斯（Servius Tullius，前578—前535年在位）被元老院推选为罗马的第六任国王。塞尔维乌斯为罗马城做了一件重要的事情，他将卡庇托林山、帕拉丁山、阿芬丁山等七座小山用城墙和壕沟连接起来，使在外作战的罗马军队有了坚固牢靠的后方。今天在罗马火车站门前，我们还可以看到这条塞维安城墙（Servian Wall）的一段遗迹。

箭头所指为塞维安城墙遗迹

公元前534年，塞尔维乌斯的女婿——也是老塔克文国王的孙子——小塔克文（Tarquinius Superbus，前535—前509年在位）夺取了其岳父的王位，成为罗马的第七任国王。小塔克文在卡庇托林山上修建了一座宏伟的朱庇特神庙（Temple of Jupiter）。

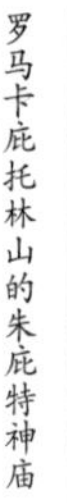
罗马卡庇托林山的朱庇特神庙（作者：J. Carlu）

通过与希腊文化的密切接

触，伊特鲁里亚人吸收了希腊神话中的许多内容，只是把神的名字作了修改，比如宙斯改成了朱庇特，赫拉改成了朱诺，雅典娜则改成了弥涅耳瓦。他们的神庙与希腊神庙有十分明显的相似性，但也有自己独特的形式。

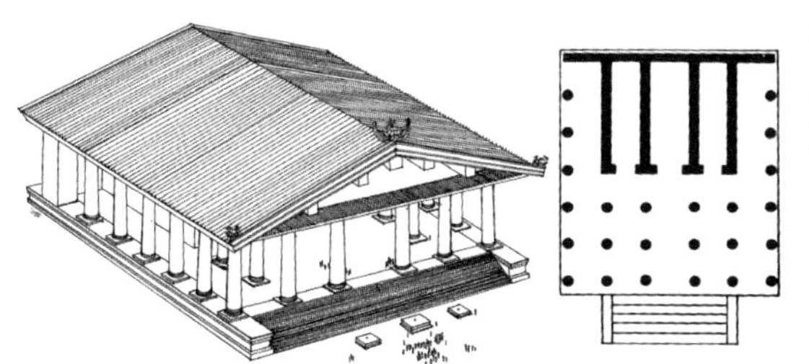

罗马卡庇托林山的朱庇特神庙平面及复原图

首先，伊特鲁里亚神庙一般都建在高台之上，只在正前方有台阶；而希腊神庙四面都环绕台阶。

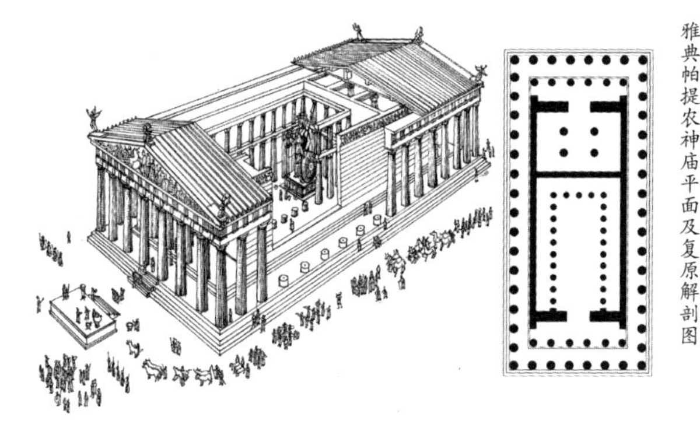

雅典帕提农神庙平面及复原解剖图

其次，伊特鲁里亚神庙的平面近乎方形，比如这座朱庇特神庙的宽度和长度分别为 53 米和 62 米；而希腊神庙一般为接近 1∶2 的长方形。

第三，伊特鲁里亚神庙往往采用前列

柱式构造，前廊进深很大，较大的神庙有侧面柱廊，但一般都没有后柱廊；而希腊神庙通常为列柱围廊式，柱廊四面环绕，前后都有大门。

罗马卡庇托林山的朱庇特神庙复原场景

这座朱庇特神庙在罗马人的生活中扮演着非常重要的角色。罗马将军获胜凯旋进入罗马之后，最后一站都要来到这座神庙献祭。如今它还有部分残垣断壁被保存下来。

1-3 伊特鲁里亚人的城市

罗马后三任国王的老家都是伊特鲁里亚。伊特鲁里亚人没有建立统一的国家政权，而是将大约 12 个主要城邦以及更多的小城邦组成一个松散的邦联。

与早期的罗马人一样，伊特鲁里亚人也喜欢在具有防御优势的山顶上建造城市，但他们所选择的小山要比罗马七山更高更大一些，当然防御性也会更好一些。十二大城邦之一，今天仍然作为活跃居民点存在的奥尔维耶托（Orvieto）就是一个直观的例子。整座城市就是建造在一个四面悬崖围绕的平顶小山之上，只是其中伊特鲁里亚时代的建筑早已不见了踪影。

奥尔维耶托

1-4 伊特鲁里亚人的陵墓

伊特鲁里亚人的城市后世都遭到毁坏，只有他们的坟墓较为完整地保存下来，成为我们了解他们的主要途径。

伊特鲁里亚人的陵墓外观

位于罗马附近的切尔韦泰里（Cerveteri）和塔奎尼亚（Tarquinia）都曾是伊特鲁里亚人的主要城邦，有许多伊特鲁里亚人的墓葬遗存。伊特鲁里亚人的陵墓的外观以圆台形为主，其中较大的直径可达40米。在圆形墓顶的下方，伊特鲁里亚人的

伊特鲁里亚人的陵墓内景

墓室往往依照生者的居室平面进行布局。有的大墓里能容纳好几套墓室，每套墓室都由好几个房间组成，组合方式与生前的房屋布局一模一样。

伊特鲁里亚人的石棺雕塑

在这些房间里，各种家具布置都与墓主人生前一样，许多生活用品甚至包括宠物都以浮雕形式表现出来。在这样的墓室里，一家人就像生前一样亲密无间，相依相伴，长眠在一起，真是让人感叹不已。

那个时候的伊特鲁里亚人对死亡有着特别的认识，似乎死亡并不是一件应该悲伤的事情，而是一种新的生活方式的开始。这种认识也非常鲜明地表现在墓室的壁画上。伊特鲁里亚人的壁画是古代世界少有的保存良好的壁画之一。在这些壁画中所表现出来的那种对自然和生活的热爱之情，除了古希腊米诺斯时代之外，在其他地方很难看得到。在这些墓室壁画所表现出来的另外一个世界的新生活中，人们仍然可以像生前一样相处交谈，继续享受

伊特鲁里亚人的陵墓壁画《盛宴图》

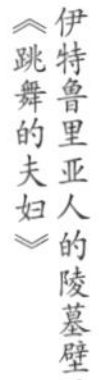

伊特鲁里亚人的陵墓壁画《跳舞的夫妇》

欢乐祥和的幸福生活。

伊特鲁里亚势力在公元前6世纪达到高峰。但是随着逐渐摆脱其影响的罗马的崛起，伊特鲁里亚人遭到罗马人的持续打击，政治上渐趋衰微。到了这个时期，在他们的陵墓中，原来那种欢乐祥和的气氛不再出现，而地狱的阴影开始笼罩在他们的头上。坟墓真正成为死亡的场所。

晚期伊特鲁里亚人的陵墓壁画，墓主人的脸上不再有笑容，而是呆望向远方的地狱

第二部 共和时代

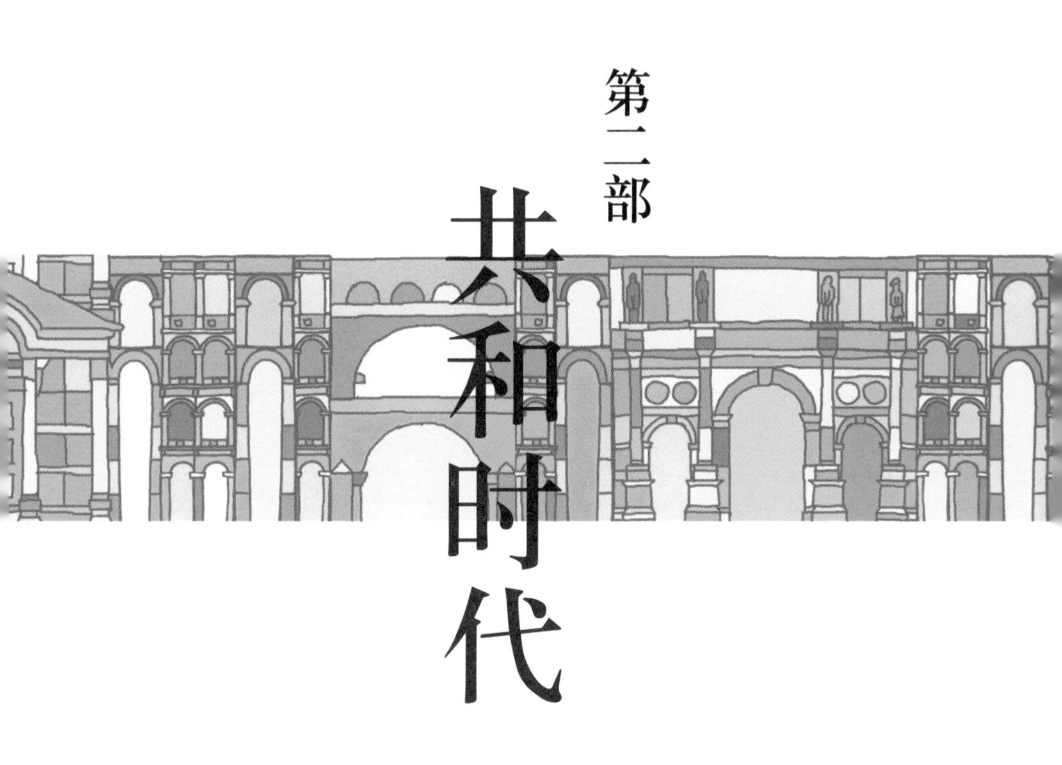

第二章 罗马共和国

“每个人都是自己命运的建筑师。”

2-1 从王国到共和国

罗马共和国（公元前509年）

公元前509年，罗马发生了一场政变。因为纵容儿子为非作歹，不得人心的第七任国王小塔克文被罗马人民驱逐出境。罗马元老院决定不再选举终身制的国王，而是代之以两位权限与国王相似但任期只有一年并且可以相互否决和制衡的执政官。为了进一步约束主要由贵族把持的执政官的权力，罗马人还建立了护民官制度，由平民选举出来的护民官有权否决执政官和元老院做出的一切决议。从此，共和政体取代了君主政体，罗马进入了共和国时代。

2-2 阿庇亚输水道

时光荏苒，一路无话。转眼到了公元前 312 年，时任财务官的阿庇乌斯·克劳狄乌斯（Appius Claudius，前 340—前 273）决定为罗马修建第一条输水道，并以他的名字命名为阿庇亚输水道（Aqua Appia）。罗马的公共建筑通常都是以提案者的名字命名，这既是一种荣誉，也是一种要承担的责任。

阿庇亚输水道

这条输水道的源头在罗马东郊的一处沼泽地，在那里拦蓄起来形成水库，然后经过大约 16 公里长的加有顶盖的砌筑管道，第一次将清洁的活水引入罗马城内。在此之前，罗马城的用水完全依靠泉水、井水或者台伯河

阿庇亚输水道遗迹

的浑水。这条输水道建成之后，罗马人的生活习惯为之一变，贵族们现在至少可以每星期洗一次澡。

不久之后，随着更多和水质更好的输水道的建设，洗浴文化将成为罗马最有代表性和最富特色的文化习俗之一。

2-3 阿庇亚大道

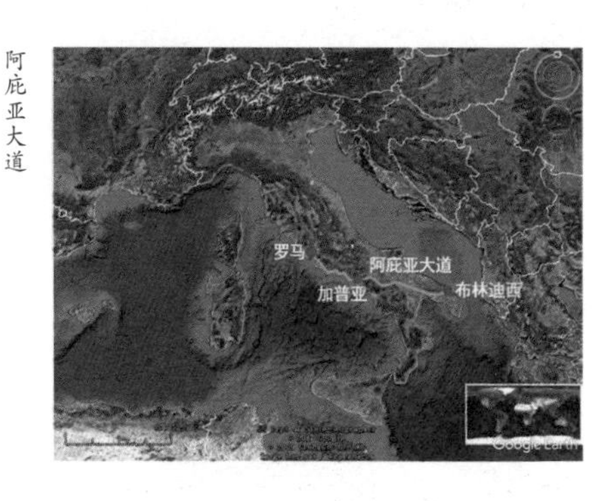

阿庇亚大道

阿庇乌斯·克劳狄乌斯还为罗马人修建了第一条城际大道——阿庇亚大道（Via Appia Antica）。这条大道先是通向当时的罗马南方边疆城市加普亚，以后伴随着罗马征服的脚步一路向南延伸，最终到达意大利“靴子”的跟部布林迪西，是罗马与希腊、埃及等地中海东部地区相互联系的最为重要的通道，素有“女王大道”的美称。

这条道路不是一般古代常见

的夯土路——比如稍晚一些中国秦朝修建的驰道，而是全部用石块铺砌的。从竖向结构来看，罗马大道的路基上下分成四层：最底层一般下挖到地表下 1.5 米深；平整后铺上 30 厘米厚的小石子；然后上面是两层的碎石黏土层；最上面则是厚达 70 厘米的表面平整、砌缝细密的大石块。从横向结构来看，大道主体宽 4 米以上，可供两辆宽度在 1.5 米左右的马车交汇。车道中央向上鼓起，以便将雨水排泄到两侧的排水沟里。除了在陡峭的山区以及隧道以外，车道两侧一般还会建有用石块简易铺装的人行道，宽度在 3 米以上。这段宽度内不允许种树，以免树根生长破坏路基。

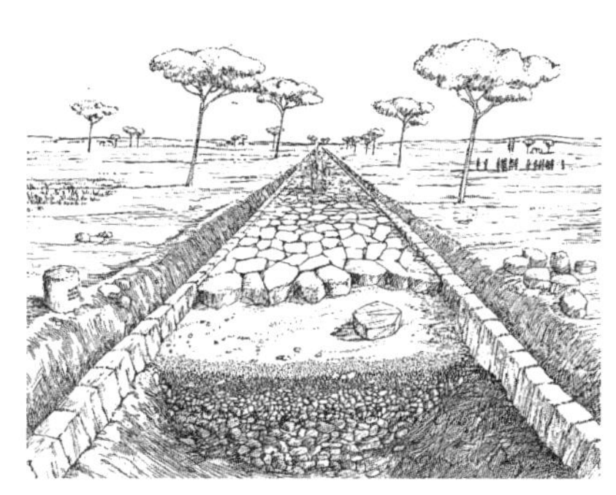
罗马大道铺装方式（作者：D. Macaulay）

道路铺设的时候，罗马人会尽可能取直线，以方便马车快速行驶。需要翻山越岭时，罗马人会尽量修建缓坡，必要时则挖掘隧道。目前仍然保留着的最长的罗马公路隧道有 970 米长。要是遇到河流沟壑，罗马人就会架设可以通车的桥梁。在这些道路网上，罗马人一共修建了大

意大利北部一座至今仍在使用的罗马隧道

建于公元 104 年的西班牙阿尔甘达大桥

约 3000 座可以通车的桥梁，其中最长的一座建造在江面宽度超过 1000 米的多瑙河上。

这条阿庇亚大道的部分路段今天还很好地保留着。它的修建者是全部由罗马公民组成的罗马军团士兵。战时他们手持武器奋勇杀敌，而在战争间隙则摇身一变，拿起工具修筑道路。

在随后的岁月中，伴随着罗马军团征战的脚步，一条又一条的大道相继建成。它们交织成网，把罗马世界整个连通起来。在这当中，由国家出资修建的干道总长度达到 8 万公里以上，由地方出资修建的支线约 7 万公里，另外还有私人修建的道路约 15 万公里。[4] 在这些道路上，每隔 1 罗马里（约 1.485 公里）就会修建一座石造的里程碑，碑上详细标注出到前方各主要城市的里程。旅行者可以根据这些里程标注，准确计算出到达目的地的时间。

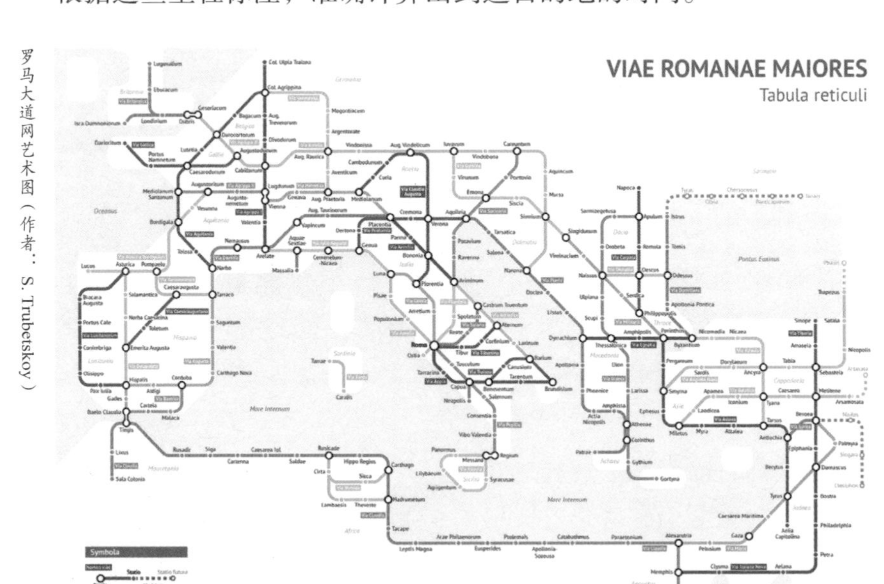

罗马大道网艺术图（作者：S. Trubetskoy）

古罗马学者老普林尼（Pliny the Elder，23—79）曾经这样评价宏伟的埃及金字塔："它不过是毫无用处的、愚蠢透顶的权力炫耀。"确实，同样都是耗费巨资，埃及人修建的是光照千秋的法老纪念碑，而罗马人却是铺设默默无闻的脚下之路。

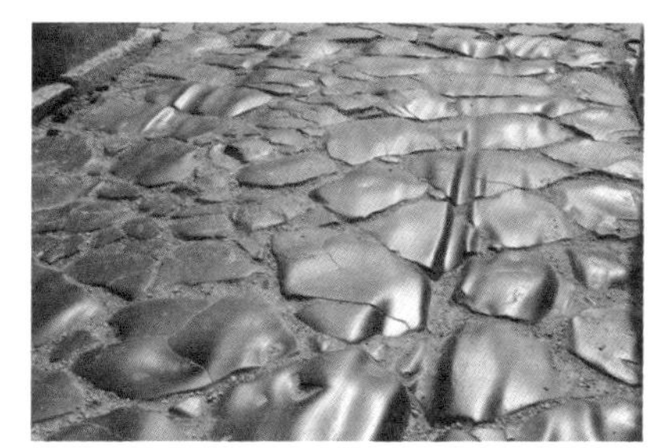

阿庇亚大道局部

2-4 阿庇乌斯·克劳狄乌斯

阿庇乌斯·克劳狄乌斯后来曾经两度当选罗马执政官（前307年和前296年）。在他生活的时代，罗马人正在进行艰苦卓绝的意大利统一战争。公元前280年，罗马的对手请来大名鼎鼎的希腊名将皮洛士（Pyrrhus of Epirus，前319—前272）助阵，大败罗马军团。罗马人一度准备接受战胜者的谈判条件。就在这时，已经年过六旬双目失明的克劳狄乌斯命人将他扶进正在开会讨论的元老院，落下掷地有声的话语："只要敌人还在国境之内，

阿庇乌斯·克劳狄乌斯："每个人都是自己命运的建筑师。"（作者：C. Maccari）

罗马绝不乞求和平。每个人都应该是自己命运的建筑师。”这句话从此成为罗马人的座右铭。[5]

阿庇亚大道（作者：G. B. Piranesi）

阿庇亚大道遗迹

公元前273年，克劳狄乌斯去世。临终前，他留下遗嘱，要把自己埋葬在亲手建造的阿庇亚大道旁。从此以后，这条大道的两边就成为罗马人的墓地所在。罗马人在这条路旁修建了成千上万座陵墓，其样式各不相同，形成极富特色的壮观景象。意大利考古学家R. B. 邦迪奈利（R. B. Bandinelli）不无骄傲地说：“在世界上，像罗马的阿庇亚大道那样，能够使人浮想联翩、回味无穷的地方，实在不多。”[6]

2–5 罗马的扩张

经过不断战争，罗马人终于统一了意大利半岛上包括伊特鲁里亚人、拉丁人以及希腊殖民者在内的所有城邦。在半岛上的各个地区，罗马人建立的殖

民城市与其他民族的城邦之间，在经济和军事上结成了以罗马为核心的紧密共同体。

公元前264年，罗马卷入西西里岛东部的希腊城邦内部冲突，与支持另一方的海上强国迦太基（Carthage）爆发战争。战争的第一阶段，从未经历过海战的罗马人在战争中学习如何作战，创造性地将地中海海战传统上以撞击为主的军舰改造为带挂钩吊桥可以贴身肉搏的新型战舰。凭借这一创新，旱鸭子罗马人把海战变成“陆战”，一举击败强大的迦太基海军。

公元前218年，迦太基人卷土重来。在杰出的军事统帅汉尼拔·巴卡（Hannibal Barca，前247—前183）的率领下，他们从西班牙出发，翻越阿尔卑斯雪山，侵入意大利本土。15年间，汉尼拔在亚平宁半岛纵横驰骋，所向无敌。罗马军团屡战屡败，30万罗马公民和他们的执政官横尸疆场，最后不得不实行坚壁清野的政策。但已经唇齿相依的罗马各民族联盟坚贞不屈，经受住了残酷的考验。

扎玛之战（作者：C. Cort）

最终，罗马军团在名将大西庇阿（Scipio Africanus，前236—前183）的率领下发起反击，于公元前202年，在迦太基本土击败了此前战无不胜的汉尼拔。

公元前146年，罗马人为防止迦太基人东山再起，彻底摧毁了迦太基城，结束了这场持续120年的生死大战。随后，罗马军团又趁势征服了衰落中的马其顿、希腊和帕加马。

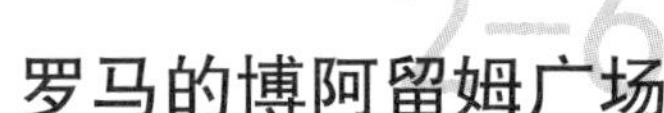

2-6 罗马的博阿留姆广场

随着与先进的希腊文化的直接接触，一车又一车的希腊雕像和艺术品被源源不断地运入罗马。征服者倾倒在被征服者的脚下。

台伯河畔的博阿留姆广场

在罗马台伯河畔的博阿留姆广场（Forum Boarium），今天还能看到一方一圆两座神庙。其中的方形神庙建于公元前100

年，是现存最古老的罗马神庙之一。它本是奉献给港口之神波尔图努斯（Portunus），但依海为生的人们却叫它幸运之神神庙，即福尔图纳·威利利斯神庙（Temple of Fortuna Virilis）。从神庙的前柱廊式布局、高高的台基以及仅在正面设台阶等特点上看，这座神庙与伊特鲁里亚神庙有明显的因承关系；而从所采用的标准爱奥尼克柱式等特征上看，它似乎又很像是一座希腊神庙。像这样一种综合伊特鲁里亚神庙和希腊神庙特点于一身所形成的特别样式，就是所谓的“罗马神庙”。

台伯河畔的幸运之神神庙遗迹

在幸运之神神庙南侧，有一座差不多同一个时期建造的圆形神庙，应该是献给赫拉克勒斯神（Hercules）的。这座神庙采用科林斯柱式，其檐口以上部分已经不复原样。

台伯河畔的赫拉克勒斯神庙遗迹

2-7 罗马的“断桥”和法布里西奥桥

“断桥”和法布里西奥桥

在两座神庙旁边的台伯河中，有一座只剩下一个桥孔的“断桥”（Ponte Rotto）。这座桥大约建造于公元前2世纪，16世纪以后逐渐垮塌，如今仅剩一拱留存。

在这座“断桥”上游一点的地方，是台伯河上的台伯岛。岛西侧的桥重建于19世纪，而东侧的法布里西奥桥（Ponte Fabricio）仍然完好地保留着公元前1世纪的模样。这是罗马城内现存最古老的可通行大桥，桥长62米，最大拱跨24.5米，中间的桥墩上面还开了一个泄洪孔。

法布里西奥桥

谈到这个泄洪孔，会让人联想到大约700年后中国隋代匠师李春修建的赵州桥。这座我国现存最古老的大桥横跨在赵县洨河之上，一拱飞跨37米。其最别致的地方在于拱上两肩又各开

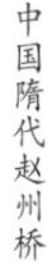
中国隋代赵州桥

两个小拱，以利洪水通过。这种敞肩拱的做法较西方早了好几百年，确实是一种先进的做法。它的不俗之处主要在于，对于一座拱形结构来说，在中央部位承受荷载的时候，拱肩部分特别容易向外翘起，从而造成结构破坏。所以一般来说拱肩部位都要采取措施向下施压。罗马人在修建拱桥的时候，一般都是采用填实拱肩的做法，用拱肩上的重量来防止其上翘。这样做的坏处就是不利于高水位的泄洪，常常会被洪水冲垮。而赵州桥一方面在拱肩上开敞券泄洪，另一方面，李春巧妙地让两个敞券之间的小墩子落在主拱拱肩的恰当部位上，刚好可以压住拱肩上翘。这确实是一种巧妙的构思。可惜李春的才华只是昙花一现。除了大约是相隔不久在赵县城西又修的一座小赵州桥外，一直到元、明时代，中国才有新的石拱桥问世。

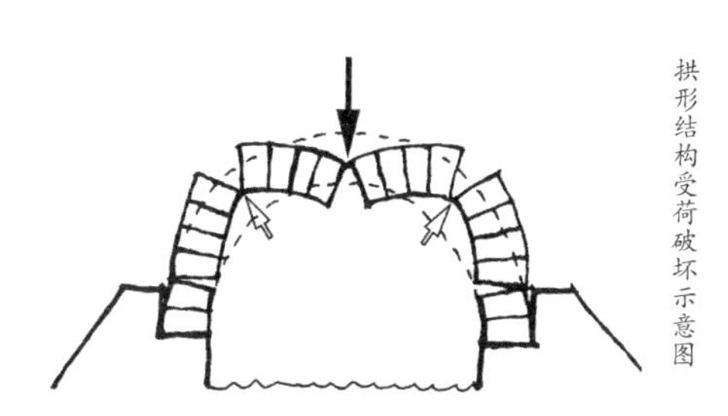

拱形结构受荷破坏示意图

第三章 动荡年代

『我担心我们的罗马，也会在某一时刻遭遇与此相同的命运。』

3-1 马略与苏拉

公元前 146 年，第三次迦太基战争结束。罗马军指挥官小西庇阿（P. C. Scipio，前 185—前 129）站在废墟一片的迦太基城中对部下说："我们刚刚消灭了一个曾经极盛一时的帝国，赢来了这个伟大的瞬间。但是现在充满我胸间的，却不是胜利的喜悦，反而有些伤感——我担心我们的罗马，也会在某一时刻遭遇与此相同的命运。"[7]

他的担心不是没有来由。环顾四周全无强敌的罗马共和国没过多久就会发现自己已处在内乱之中。一方面，罗马人已经征服了周边环地中海的大部分国家，粮食和财富源源不断地从各个行省运往罗马，罗马日益成为奢华之都。另一方面，罗马的农民由于种粮无

利可图，濒临破产失业，他们的田地纷纷落入腰包鼓鼓的大地主大贵族手中。罗马的贫富差距已经拉大到革命的边缘。在共和国初期，用来区分罗马公民等级的财富标准中，第一等级与第五等级相差 8 倍。而到公元前 2 世纪后半叶，这个差别已经扩大到 100 倍以上。[8] 公元前 133 年，力主改革、要求重新分配国有土地、甚至主张必要时以强力人物的独裁统治来代替已日渐不合时宜的贵族政治的罗马护民官 T. 格拉古（T. Gracchus，前 164—前 133）被心怀不满的贵族势力当众打死。他的弟弟小格拉古（G. Gracchus，前 154—前 121）继续他的改革事业，也被暴徒杀害。这是罗马共和国建立以来第一次因为政治原因发生流血内斗，开启了罗马的百年内乱。

为了对抗蠢蠢欲动的平民以及越来越多躁动不安的殖民地，罗马元老院不得不日益倚重军队和威名显赫的将领。逐渐职业化的军人开始成为罗马政治生活中的一股主宰势力。公元前 107 年，平民出身的G. 马略(G. Marius，前 157—前 86)凭借战功当选罗马执政官。他对罗马军队体制做出重大改革。

在此之前，罗马人实行征兵制。每一位拥有一定财产、能够承受得起参战所必然给自己家庭带来的经济负担的罗马公民，都有义务参加军队为国作战。而穷人和奴隶只有在国家处于生死存亡之际才会被征集入伍。本来这是一个非常好的制度。但是随着罗马财富快速向少数人集中，许许多多原本拥有一定财产的罗马公民逐渐沦落为一无所有的失业者。这不但会使罗马军队应征人数出现明显下降，也会伤及罗马公民为国效力的自尊心和做人的尊严。长此以往，就有使罗马公民丧失国家意识和公民意识的可能。罗马此前之所以能够不论付出多么惨痛的伤亡代价而屡胜强敌，全民同仇敌忾是主要原因。这个问题如果不能得到很好解决，小西庇阿担心的事情恐怕就要真的发生了。

此前格拉古兄弟的改革就是希望能够解决这个问题，但他们所采取的要给失地农民重新分配土地的改革措施伤及了大地主的利益，所以未能成功。现在马略要从另一个角度进行努力。他决定从军队入手，把罗马军团的征兵制改为募兵制，把原先短期入伍、仗一打完就退伍的非职业军队，变为长期自愿入伍并领取薪水的职业军队。通过吸收那些失业公民参军入伍，既可以解决大量出现的失业问题，又可以保持罗马公民自食其力的自豪感和战斗力。职业军人这个新的社会阶层就这样在罗马出现了。但它是一把双刃剑，在帮助罗马共和国解决了一个危机的同时，也会连带产生出一个新的危机，并最终将共和制推向灭亡。这个危机就是军阀，一种通过不断带领军队作战以赢得战利品回报士兵，并借此机会把军队变成为达成个人目的服务的工具的人。

靠着军人力量的支持，马略在卸任执政官之后仅仅两年，就在公元前 104 年第二次当选执政官，打破了罗马执政官卸任后十年内不得再次当选的历史传统。在之后的四年里，他又连年当选。传统的共和国体制遭到无情践踏。

马略

不过马略还算不上是真正的军阀，他的连续当选本身还是通过正常的程序加以实现的。而曾经是马略下属的 L. C. 苏拉（L. C. Sulla，前 138—前 78）才是罗马共和国第一个真正意义上的军阀。公元前 88 年，因为与马略一派存在政治分歧，苏拉悍然带领自己招募的军队进攻首都罗马。在彻底击败马略及其同党之后，于公元前 81 年，迫使元老院选举自己为罗马终身独裁官。独裁官是罗马共和国时代为了应对紧急危机而设立的临时职务，一般任期在六个月以内。在此期间，独裁官可以不受任何制约，独立处理国政。危机一旦过去，就会立刻解除职务，从来没有长期任职甚至终身任职的先例。苏拉建立了罗马历史上第一个军事独裁政权，拉开了帝国时代的序幕。

苏拉

在总揽大权之后，苏拉一方面大力消灭所有的异己分子，另一方面也对罗马社会进行改革，着力加强已经遭到削弱的元老院权威，同时大大削弱护民官和公民大会的制衡权力。两年后，也就是公元前 79 年，苏拉认为自己的改革措施已经全部得到推行，突然向元老院辞去一切职务并放弃一切特权，回归普通公民身份。他为自己写下了墓志铭："滴水之恩已涌泉报，切齿之恨已加倍还。

我乃快乐的苏拉！”

3-2 帕莱斯蒂纳的福尔图纳圣殿

帕莱斯蒂纳

1944年第二次世界大战期间的一次盟军空袭行动摧毁了罗马郊区小城帕莱斯蒂纳（Palestrina），罗马时代称之为普雷内斯特（Praeneste）。在清理废墟时，人们意外发现，原来在这座小城的地底下竟然埋藏着一座规模宏伟的罗马共和国时代的建筑。

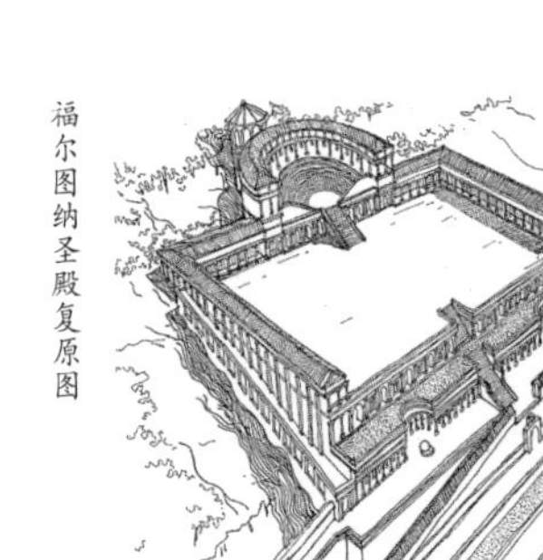

福尔图纳圣殿复原图

就是在苏拉当政的时候，当地为幸运之神福尔图纳修建了一座圣殿（Sanctuary of Fortuna）。这座圣殿的格局与希腊卫城很不相同，它顺应地势，将坡道、柱廊、拱券、平台和神殿组成一个严格中轴对称、层层递进、秩序井然的复合式纪念空间，充分体现出崇尚秩序的罗马人与他们热爱自由的希腊老师在艺术趣味和追求上的不同，为后来帝国时代一系列巨型建筑群的诞生开了先河。

这座圣殿的主体结构不是用普通的砖石材料砌筑，而是用一种前所未见的新型材料——混凝土。可能是无意中的发现，罗马工匠认识到，用意大利特有的火山灰、石灰和碎石掺水搅拌加工凝固而成的混凝土，不仅具有与石头不相上下的承重能力，而且自重较轻，强度更大，开采、运输和加工都十分方便，因而极为廉价。在采用了混凝土材料之后，石材就有可能从结构中解放出来，成为纯粹的装饰材料。

福尔图纳圣殿遗迹

罗马混凝土施工示意图（作者：E. V. le Duc）

这种新型技术的成熟和应用是建筑历史上一次了不起的革命性进步，为罗马建筑即将迎来的伟大时代奠定了坚实的物质基础。

3-3 庞培

庞培

庞培（G. Pompeius Magnus，前 106—前 48）是苏拉之后的新一代军阀政治家。

庞培少年成名。在苏拉与马略争战期间，年仅 23 岁的庞培用家财自费组建三个军团帮助苏拉。之后他又率兵剿平地中海西部的马略余党叛乱，25 岁便成为罗马历史上最年轻的凯旋将军。公元前 71 年，凭借军事实力，庞培以 35 岁的年龄破格当选为罗马执政官。按照此前苏拉制定的法律，罗马公民年满 42 岁才有资格竞选执政官。庞培的这个举动实际上打破了苏拉苦心孤诣力图恢复的共和国体制。之后，庞培又率军剿灭了地中海东部为非作歹的海盗，然后乘胜东进击破东方诸国，把叙利亚等大片土地纳入罗马版图。

3-4 罗马的庞培剧场

在远征东方的时候，庞培见识了壮观的希腊剧场。公元前 55 年，他计划要在罗马也修建一座。但是这个时代的罗马人对于修建永久性剧场还存在一些不同的看法，因为这时的剧场里大多上演打闹剧，许多人担心剧场会成为伤风败俗的地方。因此，庞培不得不将剧场伪装成一处圣所，在剧场的看台顶部修建了一座献给维纳斯的神庙，同时还在剧场的前方修建一座大型花园广场，并且把更远处几座早期神庙包裹在总体布局里面。

庞培剧场复原场景

这座可以容纳超过一万名观众的庞培剧场（Theater of Pompeius）是罗马建造的第一座永久性剧场，也是剧场发展史上的一座里程碑。与希腊剧场的看台部分必须依靠山坡而建相比，由于罗马人掌握了混凝土技术，可以用一系列混凝土环形拱廊一层一层地架起高耸的观众席来。这样一来，剧场选址就可以摆脱地形限制，建造在城市的任何地方。

庞培剧场外观复原图（作者：G. Gatteschi）

庞培剧场内部复原图（作者：A. Schill）

这座剧场于公元 6 世纪被废弃，并在后来的岁月里逐渐瓦解变化，今天仅从空中还能感受到一些当初的模样。

绿色线条示意庞培剧场遗址

第四章 恺撒时代

「从我手中重获自由的人，哪怕再次用剑指向我，我也绝不后悔。」

4-1 恺撒

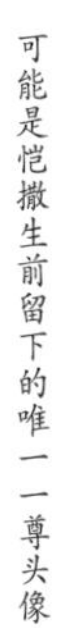

可能是恺撒生前留下的唯一一尊头像

在苏拉大肆杀戮、清除异己分子的时候，因为倾向于马略一派而被列为人民公敌遭到追杀的年轻恺撒（G. Julius Caesar，前 102—前 44）侥幸逃过一死。当苏拉熬不过朋友的求情而赦免恺撒后，他对旁人抱怨说："他们爱保他就让他们保吧，只是别忘了，他们如此热心搭救的这个人有朝一日是会给他们和我所共同支持的贵族事业带来致命打击的。"[9]

与少年得志的庞培相比，比他小六岁的

恺撒真可谓是大器晚成。恺撒出身名门，但长期以来其家族鲜少有出将入相的经历。恺撒出生的时候，其家庭只不过是罗马广场旁平民区的一个普通之家。当庞培 23 岁就已经指挥三个由自己出资招募的军团南征北战的时候，23 岁的恺撒只是一个不得志的律师。当庞培 35 岁就成为罗马最高位的执政官的时候，恺撒还在仕途上按部就班地慢慢爬升。37 岁的时候，恺撒终于迈出关键一步，当选为罗马大祭司。罗马是多神教社会，并没有专职的祭司阶层。祭司只是一个荣誉职务，没有任何特权，只是在宗教活动的时候才临时出面主持，平日里可以兼做其他任何事情。大祭司则是主持国家级宗教活动的主持人，仅此而已。恺撒之所以不惜巨额借贷沿街拜票竞选，看重的是这个职务具有罗马其他任何民选职务所不可比拟的优点——选上之后可以终身任职。恺撒的眼光之长远只消看一件事就明白：恺撒以后的所有罗马皇帝都身兼大祭司一职。

恺撒所处的时代，已经延续了 400 多年的共和国政体在很多方面都不能适应时代的变化了。贵族与平民之间的贫富分化日益扩大，矛盾日渐加深。由于元老院本身具有贵族属性，无法对自身的问题进行切割，而且全部由罗马本地人所组成的元老院以及一年一任的执政官制度，也已经无法应对疆域扩大到文化种族如此多样化的地中海全境的统治任务。国家已经到了需要强有力的人物从外部进行改革的关键时刻。面对这种局面，恺撒决定挺身而出。公元前 60 年，恺撒与庞培和克拉苏（M. L. Crassus，前 115—前 53）秘密结为同盟，共同对付元老院势力。三巨头中，庞培凭借军事上的卓越成就，在人数众多的退伍军人公民群体中拥有崇高威望，但在政治上却无所追求。克拉苏则是当时数一数二的富商巨贾，是恺撒最有力的经济赞助人。有了庞培的人望和克拉苏的资金支持，富有政治抱负的恺撒在罗马公民大会上以压倒性的优势击败元老院推举的候选人，当选为公元前 59 年的罗马执政官，由此迈出他从体制内改造国家并建立罗马世界新秩序的第一步。

恺撒一上任，就在公民大会上借助庞培的声望将当年格拉古兄弟未能实现的《农地法》表决通过。他将国有土地重新分配，租借给失地农民和退伍军人，并设立土地上限，以阻止土地向少数人集中。

对于恺撒如此力度的变革，元老院惊慌失措。为了阻止他必然会有的进一步举措，元老院使用法律所赋予的权力，决定将恺撒卸任后的新职务定为意大利境内的森林与街道管理官。这种做法跟《西游记》里面孙悟空大闹东海龙宫之后被玉皇大帝册封为弼马温差不多。野心勃勃的恺撒当然不会接受。他再次动用公民大会的力量通过法案，将自己的职务变更为高卢（Gaul）总督。他要以此来掌握军队，获取罗马社会最受人推崇的军事声望。

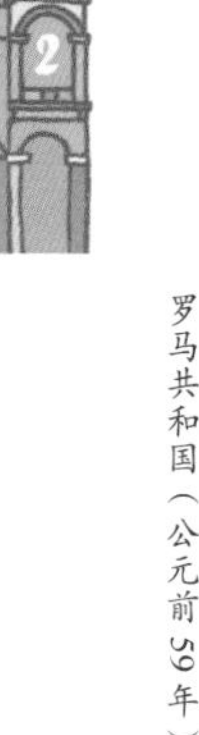

罗马共和国（公元前59年）

4-2 恺撒与高卢

现在被称为法兰西的这片土地，连同意大利北部，当时被称为高卢。早在旧石器时代，当地的原始居民就曾经创造出令人称奇的艺术成就。

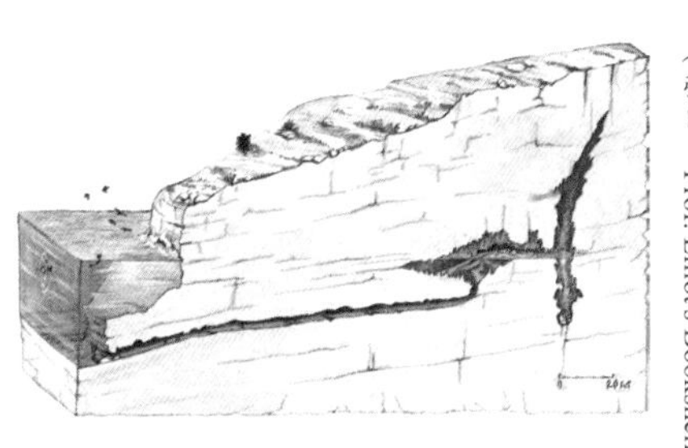

科斯奎洞穴剖面示意图（引自：Prof. Elliot's Bookshelf）

1985 年，法国潜水员兼洞穴探险者科斯奎（H. Cosquer）在法国南部马赛附近一处距离水面 30 米深的水下悬崖发现了一个洞穴入口。在好奇心的驱使下，他钻进这个不知深浅的神秘洞穴，在狭窄的岩壁间潜游了足足 12 分钟之后才终于得以浮出水面，来到一个布满钟乳石的阴森世界。他把这个地方当作自己的秘密世界，以后每年都要来一次。1991 年，科斯奎第五次光顾这里。这一次，当他浮出水面的时候，展现在他的探照灯面前的竟然是一个画在崖壁上的手印。他惊呆了。[一] 紧接着，他在崖壁上

科斯奎洞穴壁画（约公元前 18000 年）

㊀ 一位法国艺术家在第一次见到岩洞壁画时说：“我忍不住掉下泪来，就好像你来到阁楼里，却意外发现了一幅达·芬奇画像一样。”——引自《早期欧洲：凝固在巨石中的神秘》

又发现了更多的壁画。要知道，这个洞穴唯一的入口上一次暴露在水面之上是在足足 18000 年前的冰川时代。在今天被地理学家称为第四纪冰期的遥远过去，由于持续了一两百万年极为寒冷的天气，北半球的大部分陆地被数千米厚的冰层所覆盖，海平面因而大幅度下降。在那个冰川时代，北美洲与西伯利亚也有陆地相连，人类就是在那个时候到达美洲的。也只有在那个时候，这座科斯奎洞穴可以允许人类行走进入。

法国拉斯科（Lascaux）洞穴壁画（约前 15000—前 10000 年）

拉斯科洞穴壁画

在那样一个极其遥远、任何人类文明都还没有诞生的时代，法国的原始居民们就在许许多多像科斯奎这样的洞穴中为我们留下了伟大的艺术作品。他们所描绘的动物除逼真自然之外，无不具有摄人心魄的恢宏气势。就这一点来说，直到今天，都没有哪一幅艺术作品具有这样的魅力。

在洞穴画家被人遗忘很久很久之后，凯尔特人（Celts），或称高卢人，来到这片土地生活。

高卢人彪悍孔武，四处劫掠，令地中海沿岸各个文明国家闻之胆寒。公元前 390 年，趁着罗马人与伊特鲁里亚人大战而两败俱伤之际，高卢人入侵意大利并一度占领罗马。他们把罗马的古代典籍焚烧得干干净净，以至于我们今天只能从后来人的补记中了解之前的罗马历史，难免有遗漏和错误。

恺撒决心驯服这个野蛮民族，为罗马赢得一个稳定的北方边界。经过整整八年的残酷征战，公元前 51 年，恺撒写完了《高卢战记》，宣告罗马人赢得最终的胜利，把罗马边界从阿尔卑斯山推进到了莱茵河。

在法国中部的阿莱夏（Alesia），今天还能看到恺撒高卢征战中最惨烈的一战——阿莱夏战役的遗址。[1] 在公元前 52 年爆发的这场战役中，恺撒以十个军团不足五万人的部队，不仅将高卢军统帅韦桑热托里克斯（Vercingetorix，前 82—前 46）所带领的八万军

恺撒征服高卢（公元前 58—前 51 年）

[1] 不过也有人对这个地点表示怀疑，因为它似乎容不下八万大军。

阿莱夏战场遗址及战役经过图

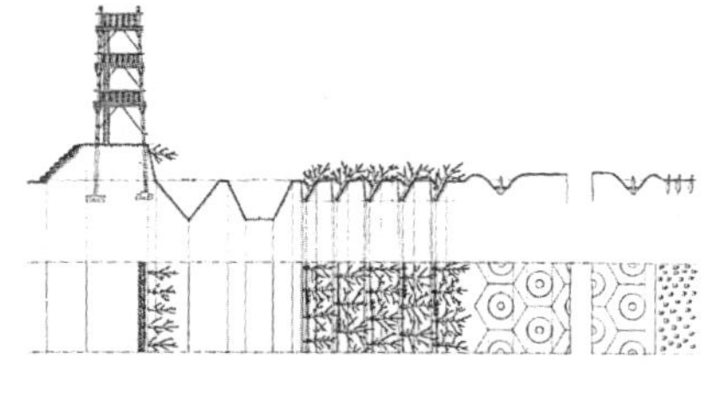

恺撒军防御工事（作者：L. N. Bonaparte）

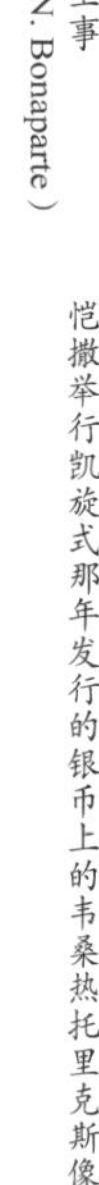

恺撒举行凯旋式那年发行的银币上的韦桑热托里克斯像

队围困在阿莱夏营地，同时还要阻挡前来增援的25万高卢各部援军。为了抵抗来自内外两个方向在人数上占压倒性优势的敌人，恺撒指挥罗马军团修建了坚固的工事。这座罗马工事分为内外双重，由内向外依次筑有防壁和双重壕沟，外侧地面掩埋有带尖刺的木桩和陷阱铁钩，堪称是罗马军事技术的代表作。[10] 最终，在援军被打垮后，弹尽粮绝的高卢王韦桑热托里克斯向恺撒投降。

战争胜利后，按照罗马一贯的传统，恺撒给予被征服的高卢人以充分的自治权，保留高卢原有的社会制度不变，授予高卢上层阶级罗马公民权，并提拔进入罗马元老院。与此同时，他在整个高卢境内兴建道路和水利工程，并派遣罗马军团守卫在高卢东面的莱茵河畔，保卫高卢人免受更加野蛮的日耳曼人的入侵。整个高卢从此被拉入了文明世界。

4-3 恺撒与不列颠

公元前55—公元前54年，为了切断不列颠对高卢的支援，同时也是为了亲自了解岛上的情形，恺撒亲率大军两度跨海登陆不列颠。整整2000年后，英国著名政治家W. 丘吉尔（W. Churchill，1874—1965）在他撰写的名著《英语民族史》中以恺撒的登陆作为全书开篇：“（随着恺撒的登陆，）突然，迷雾驱散了，人类历史的阳光普照不列颠。”[11]

与高卢一样，在这片土地上生活过的原始居民也曾经留下许多令人难忘的印迹。大约在公元前3000—公元前2000年建造的索尔兹伯里巨石阵（Stonehenge）是史前欧洲和英国留下的许许多多巨石建筑中最著名的一座。人们一般认为这是一座远古人观测太阳运动轨迹的建筑。至于他们究竟是什么样的人，为何要如此大费周章，我们今天还不得而知。

索尔兹伯里巨石阵

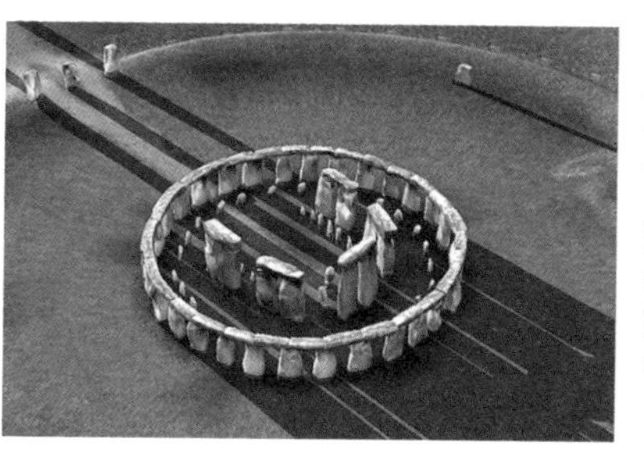

索尔兹伯里巨石阵复原场景

乌芬顿白马

位于牛津郡的乌芬顿白马（Uffington White Horse）大约建于公元前1000年，是通过清除覆盖在白垩土层表面的植被和碎石形成的。它启发了后世英格兰原野上无数的“大地艺术”作品。

梅登城堡遗迹

在恺撒到来的时候，生活在不列颠的土著居民已经进入了铁器时代。这个时代所遗留下来的主要遗产是数以百计的山地土堡，其中以位于南部海岸附近的梅登城堡（Maiden Castle）最为有名。这座城堡东西长约1000米，南北最大宽约500米，外面由三重壕沟和城墙环绕。

类似这样的城堡对于当时的土著居民来说想必是难以克服的障碍。尽管它们在攻城能力卓越的罗马军团面前也许只是小菜一碟，但是恺撒并没有下决心征服不列颠。他将这一工作留给了100年后的后人。

4-4 恺撒与日耳曼

公元前55年，恺撒跨越莱茵河打击河东的日耳曼人。本来这只是一次临时性的军事行动，大军完全可以利用现有船只摆渡过河去去就回的。但是恺撒为了给桀骜不驯的日耳曼人留下深刻印象，以彰显“自己和罗马人民的尊严”[12]，却下令在宽度足有400米的莱茵河上建造一座大桥。他要让罗马士兵列队走过莱茵河。

罗马军团的架桥地点大致在今天德国的科隆与波恩两大城市之间。恺撒在他的《高卢战记》中详细记录了架桥的方式和过程。罗马士兵摇身一变成为工程兵，用现场制作的打桩机把直径大约45厘米的大木桩倾斜打入河底，每隔12米左右架设一组相对的木桩，然后在其间铺设横梁桥板。只用了十天的时间，罗马军团就建造完成这座大约有400米长的大桥，然后大军威风

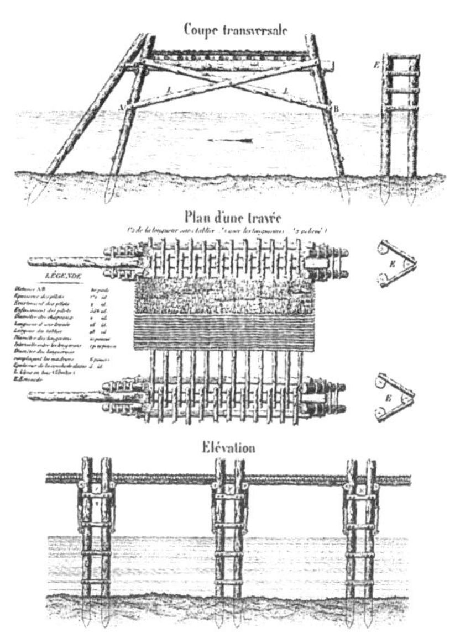

罗马人架设的莱茵河大桥结构示意图（作者：L. N. Bonaparte）

凛凛地跨过莱茵河。日耳曼人极为惊恐，远逃得无影无踪。18 天后恺撒撤军，下令放火烧毁大桥。

两年后，恺撒再次惩戒日耳曼人，就在距离前一次架桥地点不远的地方又架了一座新的大桥。由于有了上次的经验，这次只用了几天的时间就架设完毕。在来去自如地给予日耳曼人沉痛教训之后，罗马军又烧桥撤回莱茵河西岸。

通过这两次实地查看莱茵河，再结合其他方面对日耳曼人的了解，恺撒认为仍处在游牧狩猎状态的日耳曼人与早已定居农牧的高卢人很不相同，缺乏同化的基础，从而放弃了征服日耳曼的企图。他决定以莱茵河作为罗马边界，采取必要时主动过河出击的方式震慑日耳曼人，以达到维护罗马和平的目的。莱茵河防线——这条罗马北方最重要的军事防御线——就此形成。400 年间，日耳曼人不得越过这条防线。

4-5 独裁者恺撒

就在恺撒征战高卢期间，三头同盟和罗马的政局都发生了变化。公元前 56 年，为了对抗元老院涌动的反对势力，恺撒、庞培和克拉苏在意大利北方小城卢卡第二次开会并达成共识，仍然借助庞培在退伍军人群体中的影响力与克拉苏的经济实力，在第二年使庞培和克拉苏共同当选罗马执政官，卸任后将分别前往西班牙和叙利亚执掌兵权，而恺撒在高卢的任职时间也将相应延长。这样一来，三巨头将分别在西、北、东三个方向掌握罗马共和国几乎全部的军队，从而完全掌控罗马政局，使之朝恺撒期待的方向发展。但这个计划没多久却遭遇意外挫折。公元前 53 年，克拉苏在率领叙利亚兵团出征帕提亚的时候不幸战败身亡。三头同盟解体。元老院趁机拉拢庞培以对抗恺撒。公元前 50 年 12 月，元老院通过决议，单方面解除恺撒高卢总督的职务，并准备将恺撒提交审判。

公元前 49 年 1 月 12 日，恺撒带领当时手边仅有的一个军团渡过意大利本土与北意行省的边界卢比孔河（Rubicon），向元老院和庞培宣战。猝不及防的元老院和庞培仓皇逃离罗马。恺撒首先夺取了庞培的大本营西班牙，继而在希腊法萨卢斯（Pharsalus）会战中彻底击败庞培，然后乘胜追击来到埃及，与埃及艳后克利奥帕特拉（Cleopatra，前 69—前 30）相遇。接着，恺撒又转战西亚、北非，继续追击庞培残部。在今天土耳其的本都所进行的泽拉会战结束后，恺撒给元老院发回的战报就三个单词：Veni，Vidi，Vici，意思是：我来了，我看见了，我征服了。公元前 46 年，恺撒将庞培余党全部击败。屈服的元老院不得不任命他为任期十年的独裁官。

恺撒追击庞培及其余党（公元前49—前46年）

恺撒举行凯旋式时发行的银币，左侧文字意为『宽容』

公元前48年，恺撒终于有时间为征服高卢的光辉成就举行凯旋式。为纪念这一伟大胜利而发行的纪念银币上面刻着“clementia”这个单词，意思是“宽容”。

对人宽容大度是恺撒始终一贯的品格。恺撒没有为击败庞培举行凯旋式，他把这件事情当作是一场不幸的国家悲剧。[13] 在掌握大权之后，恺撒也没有像当年的苏拉那样对反对者大开杀戒，而是无条件地赦免战败者。他希望所有的罗马人都能够团结起来，不要再分敌我。他将罗马公民权授予北意大利，使这里的居民享有与罗马人完全相同的政治权利。对于高卢、西西里和西班牙，他授予其居民拉丁公民权，使其拥有除了选举权之外的全部罗马公民权——包括免缴直接税的权利。恺撒试图通过这样的举措来缓和罗马人与被征服者之间的怨恨。他对古老的贵族政治进行改革，大幅度增加元老院的席次，将很多出身低贱但却才干出众的能人以及边远行省的异族领袖提拔进元老院，其中就包括刚刚投入罗马怀抱的高卢人。

在恺撒的所有改革举措中，还有一个虽然不是特别重要但却是影响深远的变革：他把以前罗马历法中的十一月调整为新历法中的一月，确立了大月、小月和闰月之分，由此建立了新的历法——后人就以恺撒之名称之为“儒略历”（Julian calendar）。由于这一变动，今天英语中用来表示九月、十月、十一月、十二月这四个月的单词，实际上在拉丁语中的意思分别是第七、第八、第九、第十。他把自己的名字赋予了七月（July）。后来他的接班人奥古斯都也仿效他，把名字赋予八月（August）。这个历法以后只稍作调整，一直沿用至今。

公元前44年发行的银币上的恺撒像，从此以后，在钱币上铸造元首的形象就成为罗马惯例

恺撒认为，在罗马版图已经如此广大的情况下，再要像原来那样由一年一选、一年一换的双头执政官来进行管理已经不合时宜了。国家权力需要较为长期和固定地集中在一个人的手上。公元前45年，恺撒被元老院任命为终身独裁官。

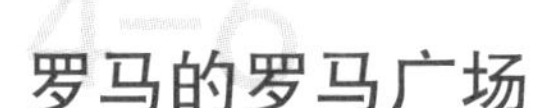

罗马的罗马广场

到了恺撒时代，在卡庇托林山和帕拉丁山之间形成的罗马广场（Forum Romanum）已经发展成为罗马城中公共建筑云集的场所。神庙、巴西利卡等各种公共建筑分布在广场周围，成为城市政治和宗教活动的中心。

罗马广场复原场景

罗马广场上最主要的建筑是两座巴西利卡——埃米利亚巴西利卡（Basilica Aemilia）和尤利娅巴西利卡（Basilica Julia）。它们一北一南勾画了广场的基本轮廓。

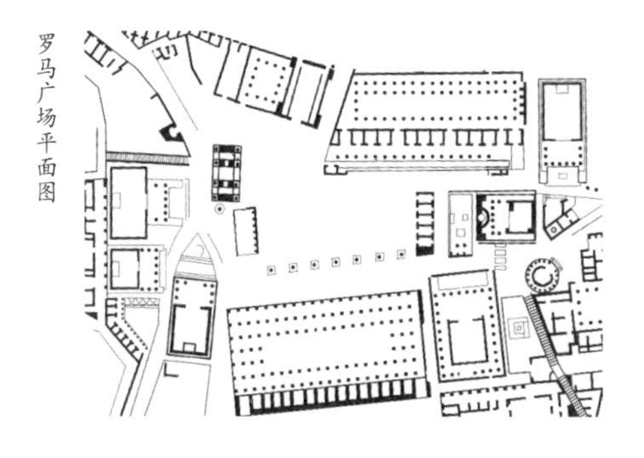

罗马广场平面图

巴西利卡是罗马人在神庙和柱廊形式基础上发展出来的一种综合用作法庭、交易所或会场的长方形大厅建筑类型。与神庙相比，巴西利卡的主要入口一般开在面向广场的长边上。它的内部被柱廊划分成中厅（Nave）和侧廊（Aisle）两部分。其中中厅部分较高、较宽，而侧廊部分较低、较窄，一般又分为上下两层。中厅的端头有些会设有半圆形空间以供法庭裁判用。巴西利卡屋顶大多是木造的，采用桁架结构，跨度最大能达到 30 米。

尤利娅巴西利卡内部复原图（作者：G. Gatteschi）

这两座巴西利卡最早建造于公元前 2 世纪。其中的尤利娅巴西利卡原名森普罗尼乌斯巴西利卡（Basilica Sempronia），由格拉古兄弟的父亲担任执政官的时候修建并命名。恺撒对这座巴西利卡进行了重建，并以自己家族的名称重新命名。

广场的西北面由元老院（Curia）、和平神庙（Temple of Concord）、农神神庙（Temple of Saturn）和塞维鲁凯旋门（Arch of Severus）等一系列公共建筑围合，中央还有一座喙形船首讲坛（Rostra）——以其立面上用缴获的敌军战舰喙形船首装饰而得名。在和平神庙和农神神庙的后面，卡庇托林山陡崖的上方是罗马的国家档案馆，后来在文艺复兴时期由米开朗琪罗改建为市政厅。在它的南面，是第七任国王小塔克文建造的朱庇特神庙。

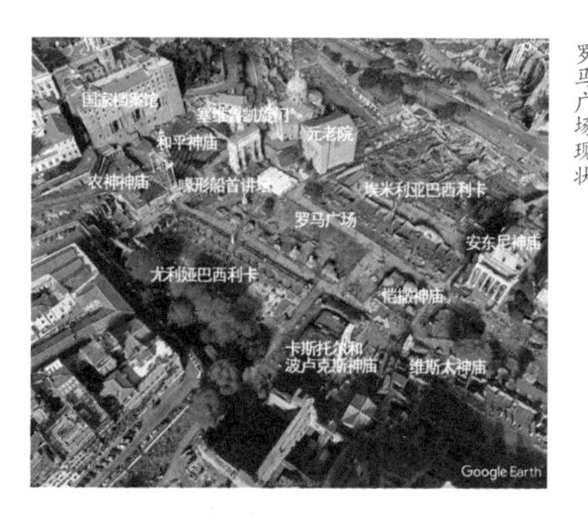

罗马广场现状

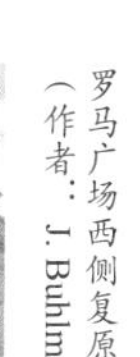

罗马广场西侧复原图（作者：J. Buhlman）

广场的东南面由卡斯托尔和波卢克斯神庙（Temple of Castor and Pollux）、维斯太神庙（Temples of Vesta）和恺撒神庙（或称神圣尤利乌斯神庙，Temple of Divus Julius）等一组神庙围合。其中的维斯太神庙是一座直径大约15米的圆形神庙，首次建造据说可以追溯到第二任国王统治罗马之时。维斯太是神话中的女灶

罗马广场东侧复原图（引自：friendsofsdarch）

贞女之家复原图（作者：G. Gatteschi）

贞女之家遗迹

1771年的罗马广场（作者：Vasi）

神，传说罗慕路斯的母亲就曾是侍奉维斯太的女祭司。对于古人来说，取火并不容易，因此保护火种就成为非常重要的事情。对维斯太的祭祀实际上就是为了保护火种，这是罗马人最重要的宗教活动之一，在神庙内燃烧的圣火一刻也不允许熄灭。守卫圣火的六位女祭司从少女时代就被选中，要在这里侍奉30年以上，是罗马城中地位最高的女性。她们的住所贞女之家（House of the Vestals）就在这座神庙的边上。而恺撒神庙是在恺撒去世后建造的。恺撒被谋杀后，他的遗体就是在这座神庙所在的地点被火化的。

罗马帝国灭亡之后，罗马广场遭到了毁灭性的破坏。除了元老院因被改成教堂而幸运地保存下来之外，其余建筑或被烧毁，或被拆掉去造其他建筑。昔日繁荣的罗马广场成了地地道道的采石场和放牧牛羊的草场。

4-7

罗马的恺撒广场

随着罗马共和国的日益壮大，原有的罗马广场已经不足以应付日益增长繁盛的商业和社会活动需求。公元前54年，恺撒开始在元老院的背后兴建一个以他的名字命名的新的公民集会场——恺撒广场（Forum of Caesar）。

恺撒广场与罗马广场

这是一个以帕莱斯蒂纳的福尔图纳圣殿为样板的新型广场，拥有严谨对称的轴线，体现了有别于旧广场的新气象。新广场长124米、宽45米，中央立着恺撒的骑马青铜像，周围用柱廊围合，里面设有图书馆和各种商铺。广场的尽端是恺撒家族的保护神维纳斯神庙。

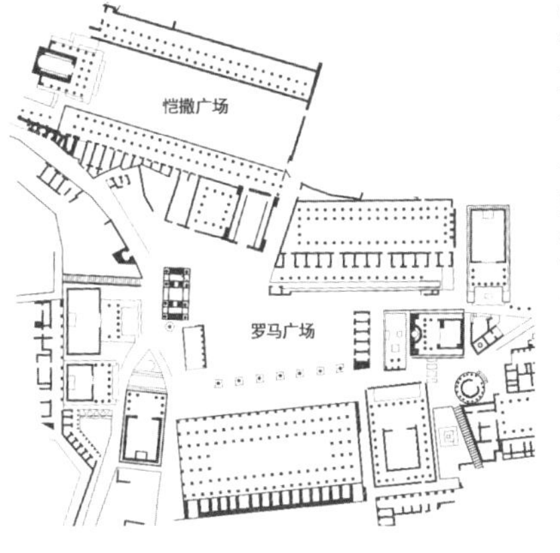

恺撒广场与罗马广场平面图

前面我们介绍过罗马神庙与希腊神庙在外形和柱式细节上的一些区别，除此以外，二者在其所处环境以及在城市生活中所扮演的角色等方面还有很多不同。

希腊奥林匹亚的宙斯神庙（作者：L. Ritter）

希腊的神庙通常是与市民广场相分离的，专门用于宗教活动。它通常是立在一个空旷的场地中心，是供人环绕膜拜的焦点，所以非常重视四个立面的设计。

罗马恺撒广场的维纳斯神庙（作者：C. R. Cockerell）

而罗马神庙则往往与普通的世俗活动混合在一起。一座典型的罗马神庙——就像这座恺撒广场上的神庙一样，一般是立在一个四周都是建筑或者柱廊围合的广场上，并且也不是建造在广场的正中心，而是位于广场的一侧。整座神庙只有正立面参与广场的构图，其背面乃至侧面的一部分都与其他建筑融为一体，实际上是不存在这些方向的立面的。

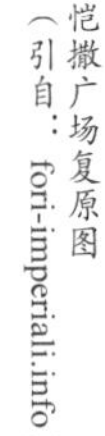

恺撒广场复原图（引自：fori-imperiali.info）

看上去，这样的神庙更像是市民广场的一个成员，也许地位比较重要和神圣一些，但并没有压倒其他的成员。而它所处的广场也不是建造用来朝拜这座神庙的，更主要是用来构成一个罗马市民开展交流、聚会、交易或谈话等公共活动的场所。在这样的广场上，建筑本身并不是被膜拜的对象，而只是丰富多彩的市民活动的一个背景，一件市民活动的触发器。这才是罗马神庙与希腊神庙的最大不同。

恺撒广场现状

这座恺撒广场开辟了罗马广场的新形制，成为后代帝国皇帝们效仿的对象。

4-8 罗马的尤利娅选举会场

在罗马的塞维安城墙外西北方向台伯河弯曲处有一块很大的开阔地。由于洪水季节容易被水淹没，所以早期住在这里的人并不多。共和国时代这里经常作为罗马军团的集结地，所以被称为战神操场（Field of Mars）。后来随着城市的扩张以及河防措施的进步，城市建筑逐渐蔓延到这片区域，前文介绍过的庞培剧场就建造在这里。鉴于这一带愈加繁荣的建设景象，恺撒下令拆除塞维安城墙，以利于城内外的交通往来。在他看来，这道城墙早已无用武之地，罗马

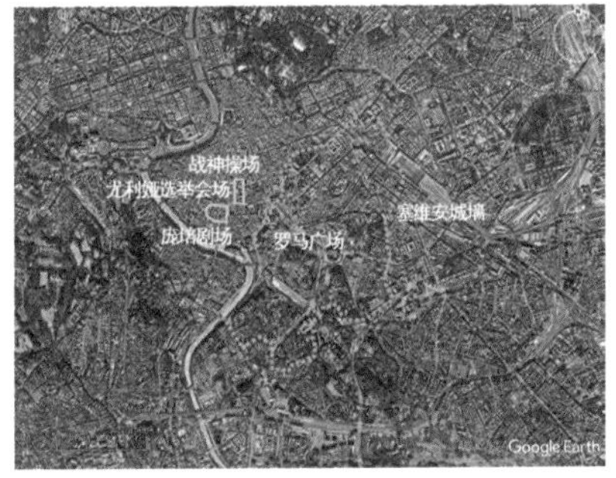

罗马城，绿色线为塞维安城墙

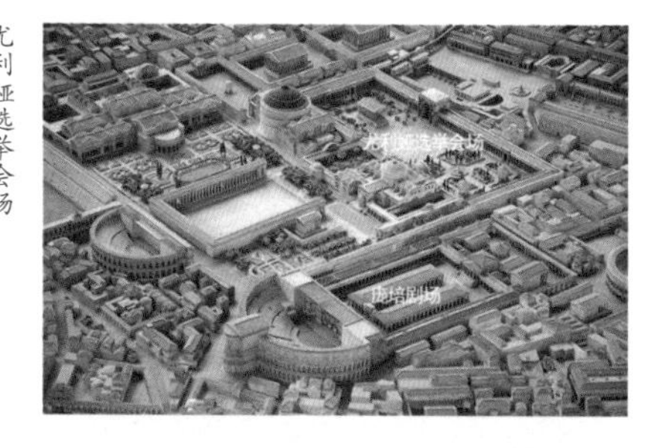

尤利娅选举会场（模型作者：I. Gismondi）

罗马城现状（与上图同一角度）

的和平不需要用城墙来维持，而是靠驻扎在远离首都的国境线上强大的罗马军团来捍卫。

就在离庞培剧场不远的地方，恺撒修建了一座大型公共建筑——尤利娅选举会场（Saepta Julia），主要用作罗马公民大会选举官员之用。像庞培剧场一样，这座会场今天也只能够从空中依稀分辨出大致的轮廓了。

4-9 恺撒之死

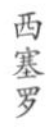

西塞罗

西塞罗（Cicero，前106—前43）是恺撒那个时代很有名气的演说家和政治家，曾经站在元老院和庞培一边积极反对恺撒。恺撒获胜后并没有惩罚他，仍然当他是好朋友，还对他说："从我手中重获自由的人，哪怕再次用剑指向我，我也绝不后悔。"[14]

但是那些在恺撒的独裁统治

中倍感受挫的元老院贵族们并不为之所动，他们决心要除去恺撒以恢复旧秩序。就在元老院选举恺撒担任终身独裁官仅仅五个月后，公元前 44 年 3 月 15 日，密谋分子趁着恺撒前往庞培剧场参加元老院会议（当时元老院会议并无固定场所）之际，刺杀了毫无戒备的恺撒。

恺撒之死（作者：Jean Leon）

第三部

帝国时代

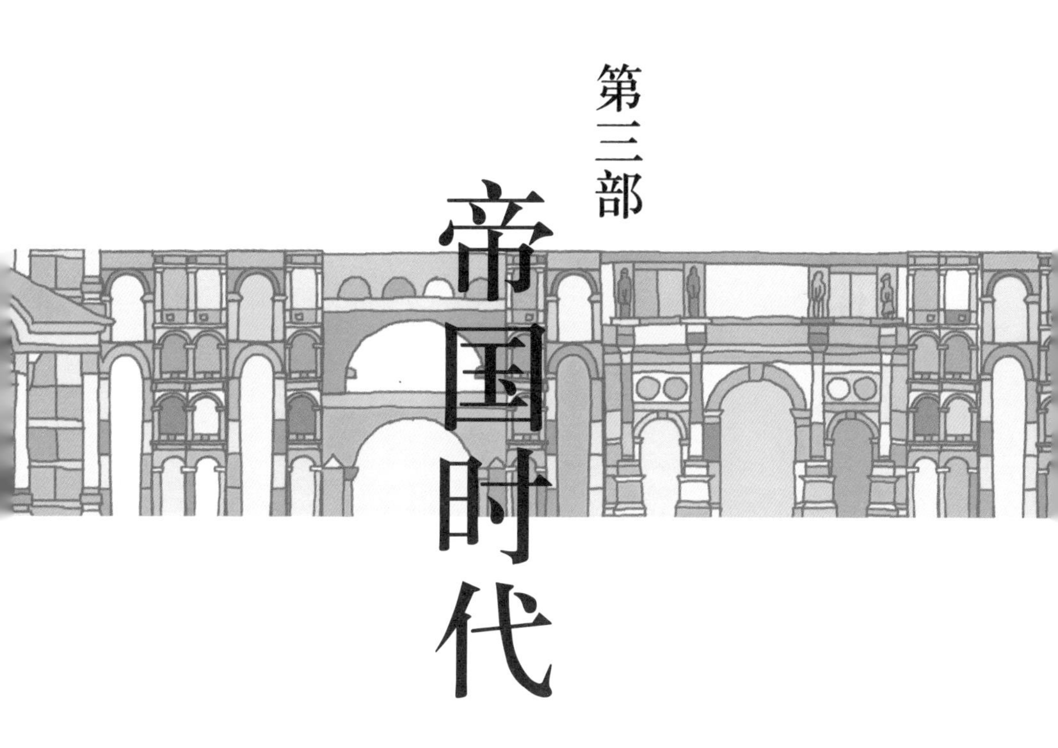

第五章　奥古斯都时代

〝我继承的是瓦砾中的罗马，而留给后人的是大理石之城。〞

5-1 奥古斯都

公元前41年罗马发行的金币上的安东尼和屋大维像

恺撒死了，但密谋分子恢复旧秩序的企图并没有得逞。历史前进的车轮已经无法倒转了。恺撒的部将安东尼（M. Antony，约前83—前30）与恺撒的养子屋大维（Octavian，前63—公元14）成为他的权力和遗产的争夺者。他们先是携手击败那些参与暗杀恺撒的元老院势力，为恺撒复仇。而后两人之间又经过十余年的争斗，公元前30年，屋大维获得最终胜利。

屋大维是恺撒姐姐的外孙，因为恺撒

没有孩子，所以在遗嘱中将其收为养子，使之成为自己的继承人。屋大维没有继承恺撒终身独裁官的头衔，也没有要求成为罗马国王。表面上看，他是将罗马共和国交还给了元老院，自己只是接受了元老院授予的“第一公民”（Princeps）称号。这个称号曾经在100多年前由元老院授给过打败汉尼拔的大西庇阿。自此以后，屋大维和他的继任者一直以这个“第一公民”的名义领导国家。“第一公民”这个词还有另一个我们更熟悉的翻译——“元首”。所以从他开始的300年罗马政治又被称为元首政治。

头戴公民冠的屋大维

但他实际上得到的更多。他继承了恺撒的大祭司职务，成为罗马世界的最高宗教领袖。他继承了恺撒的“凯旋将军”（Imperator）这个称号——中文语境中的“皇帝”对应的就是这个词，成为罗马全军最高司令官，掌握了国家的全部军队。在连任多届执政官职务之后，公元前23年，他将执政官头衔还给了元老院，而从感激涕零的元老院手中接过了终身担任的护民官特权（Tribunicia Potestas）。创立于公元前471年的护民官制度是罗马独特的政治创造，是平民阶层用来制衡贵族阶层的主要武器。作为护民官，他有权否决元老院和执政官做出的任何决定，并能在平民大会上提出自己的立法建议。现在，这个否决权只掌握在他的手中，确保

身着戎装的奥古斯都

了他在国政中独一无二的地位。

公元前27年，罗马元老院授予他象征神圣的尊称——“奥古斯都”（Augustus）。他把这个尊号与深受罗马人爱戴的他的养父的名字“恺撒”连接起来，再加上凯旋将军、护民官，正式的全称为“凯旋将军·恺撒·奥古斯都·护民官特权”。他实际上成为集国家军政大权于一身的皇帝，而这个冗长的称呼也从此成为所有罗马皇帝的标准全称。罗马的帝国时代正式开始了。

从公元前133年格拉古遇害时起，经过整整100年的政治纷争和残酷内战，罗马终于迎来了和平与安定的新时代。对希腊世界的征服和巩固，使希腊引以为傲的“精纯的语言、柔美的文学、光辉的科学、成熟的哲学和高贵的艺术”[15]被输入到罗马。奥古斯都为罗马建造了新的广场、剧场、输水道和其他公共建筑，使罗马的面貌焕然一新。他有充足的理由骄傲地宣称，他继承的是瓦砾中的罗马，而留给后人的，是大理石之城。

罗马帝国（公元14年）

5-2 罗马的奥古斯都广场

奥古斯都即位后不久，就在紧挨恺撒广场的东北面柱廊外建造了以他自己名字命名的新广场——奥古斯都广场（Forum of Augustus）。

罗马广场、恺撒广场和奥古斯都广场复原场景

这个广场也是采用对称式构图，主轴线较恺撒广场旋转了90度。广场的尽端是战神玛尔斯神庙，宽35米，台基高3.5米，8根科林斯柱直径1.75米、高17.8米，十分雄伟壮观。在两侧的敞廊后面各设有一个半圆形的讲堂，从而形成与主轴线十字相交的次轴线，丰富了空间构图形式。这两座讲堂作为博物馆，收藏了许多伟大历史人物的雕像。

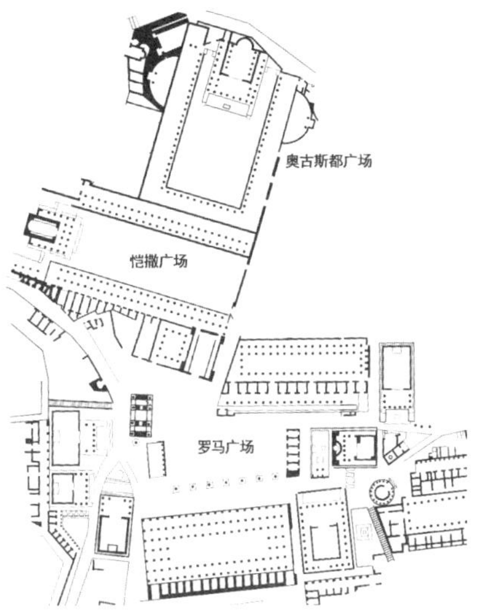

罗马广场、恺撒广场和奥古斯都广场平面图

据说这座广场不怎么受到罗马情侣们的喜欢。因为奥古斯都是一个比较保守的人，曾经制订法律对婚外情严厉治罪。罗马情侣们最喜欢的去处是边上的恺撒广场。那里不仅有爱神维纳斯的

奥古斯都广场（引自：fori-imperiali.info）

奥古斯都广场讲堂（引自：fori-imperiali.info）

神庙，而且恺撒本人也堪称一代情圣。不过从另一方面来说，孩子们在奥古斯都广场学习则是很恰当的，有不少私塾学校设在这里。想象一下，在那么多先贤的注目下，孩子们一定会好好学习的。

5-3 罗马的奥古斯都住宅

当初债台高筑的恺撒非要竞选大祭司，也许其中有部分原因是看中了只有大祭司职务国家才给提供一套官邸。恺撒一直到死都是住在罗马广场边上的这座官邸，并没有自己的私宅。奥古斯都即位后，在显贵云集的帕拉丁山上购置了一块地，建起了自己的住宅（House of Augustus）。

红框处小房子为奥古斯都住宅

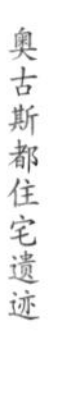

奥古斯都住宅遗迹

这座住宅与一般富裕人家的住宅差不多，要是与富家显贵们的房子相比或许还显得有些寒酸。其内部没有任何大理石装饰[16]，只是在墙上做了壁画。罗马帝国的第一任皇帝奥古斯都就在这个小房子里住了 40 年。

5-4

罗马的马塞卢斯剧场

公元前 13 年在台伯河畔法布里西奥桥头落成的马塞卢斯剧场（Theater of Marcellus），以奥古斯都第一任女婿马塞卢斯（前 42—前 23）的名字命名。

马塞卢斯剧场复原场景

马塞卢斯是奥古斯都姐姐屋大维娅（Octavia the Younger，前 69—前 11）与第一任丈夫的儿子，是奥古斯都的外甥。奥古斯都把唯一的女儿尤利娅（Julia the Elder，前 39—公元 14）嫁给自己的外甥，是要把他当作自己的接班人。对他才 20 岁就英年早逝，奥古斯都深感痛惜。十年后，他将这座新落成的剧场以马塞卢斯的名字命名以示纪念。这是为数不多的不是以修建者的名字命名的罗马公共建筑。

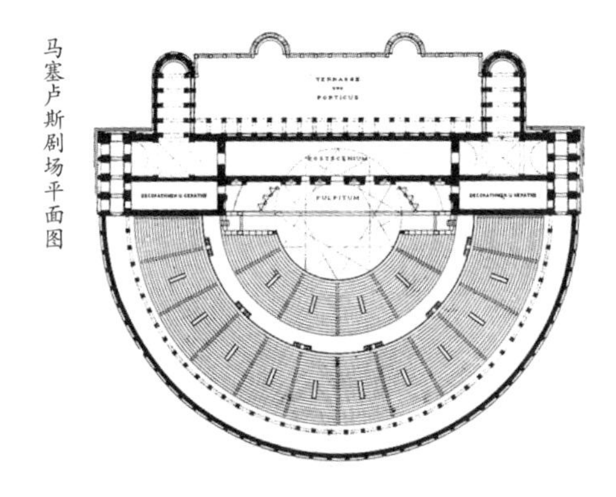

马塞卢斯剧场平面图

这座剧场不再像庞培剧场那样遮遮掩掩，而是堂而皇之地建造于台伯河边的一处平地上。它的内部观众席直径 129.8 米，可以容纳 1.5 万 ~ 2 万名观众，是罗马帝国建造的最大的一座剧场。它的半圆形乐池直径约 37 米，后方是一个高大的、具有三层柱廊和阳台的豪华舞台，上方还有挑出的屋盖。

马塞卢斯剧场是第一座在正面使用多种柱式组合构图的建筑。观众席高耸的外立面分为三层，第一层开有 41 个拱门。由于觉得单纯的混凝土拱券缺乏装饰，因而罗马人创造性地采用了一种后来被称为“券柱式”的构图方式，在拱门的两侧装饰以过去总是作为结构支撑物的柱子，甚至连古典柱式中的梁额和基座都煞有介事地按恰当的比例表现出来。这样一来，建筑物不仅结构十分合理，而且也具有理想的外形。这种做法后来极受欢迎，直到今天仍被广为使用。它的第二层也是同样的券柱式构图，但柱子不再使用第一层所用的多立

马塞卢斯剧场的『券柱式』构造（作者：G. B. Piranesi）

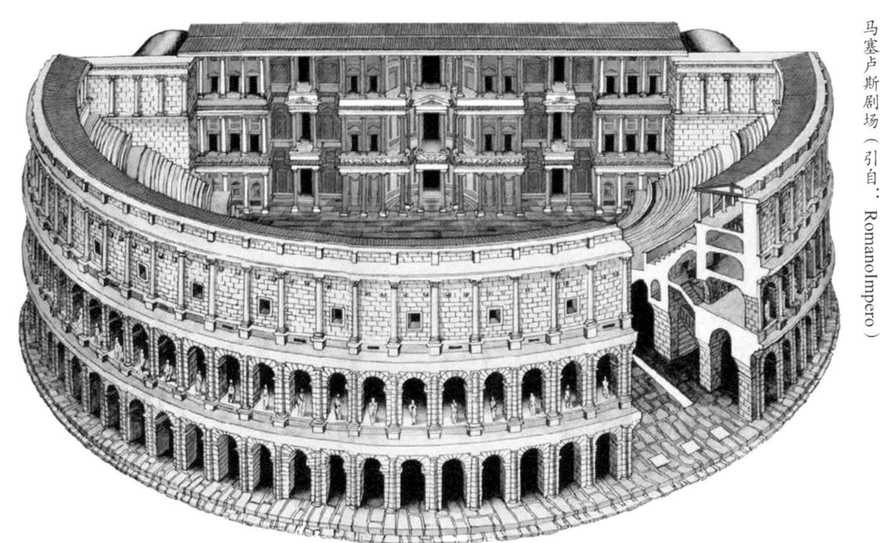

马塞卢斯剧场（引自：RomanoImpero）

克式，而是改用优美的爱奥尼克式。这种细致的变化增强了立面构图在统一前提下的丰富性。第三层是实的壁面，在对应位置使用了视觉效果更加丰富的科林斯柱式。

这里有一个有趣的现象。这三种柱式，多立克柱式柱头造型最简单，被放在最低处；而科林斯柱式最为细腻，却被放在几十米高的最高处。放得那么高，不是就看不清那些美丽的细节了吗？但这恰恰是他们要达到的目的：你越是看不清细节，就可能越是会觉得它高不可攀。这种做法以后成为多层柱式立面布置的常见方式。

罗马柱式是从希腊柱式继承发展而来的。与希腊柱式相比，罗马柱式有一些较明显的变化，其中以多立克柱式的改变尤为显著。希腊时代简洁粗犷的多立克柱式很早就不再受到欢迎。在需要使用的场合，罗马人更改了多立克柱式的很多细节，增加了华丽的柱础，修饰了柱头的线脚，使柱身趋于苗条。尽管维特鲁威（Vitruvius，前 80/70—前 15，奥古斯都时代的建筑师，以其著作《建筑十书》

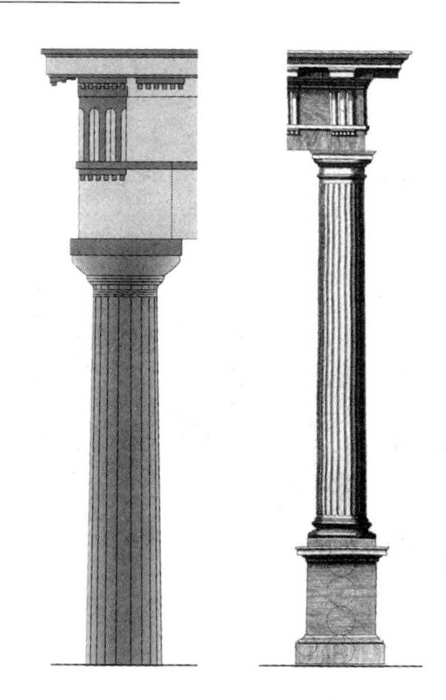

左为希腊多立克式，右为罗马多立克式

而闻名）仍然认为这种多立克式显现了男性的力量，但已与从前大相径庭。打个比方，如果说早期希腊多立克式体现的是史泰龙那样的刚硬的男性特征的话，那么罗马多立克大概只是刘德华这样的风格。这是从乡村生活向城市生活进步的写照。

爱奥尼克柱式的变化也很明显。从立面图的角度看，希腊柱头上两个蜗卷之间是用一条自然生动的曲线加以联系，而到了罗马柱头，却变成了直线连接。

左为希腊爱奥尼克式，右为罗马爱奥尼克式

这些变化或许与罗马人对柱头的需求量大增有很大关系。由于罗马社会公共建筑数量大大超过希腊时代，所以像柱头这样的部件都是批量生产出来的。这样一来，就要尽可能做得简洁一些以适应这种变化，而不能像希腊柱头那样每一个都精雕细琢。这一点在我们今天的现代建筑上表现得也十分明显。讲求高效的现代建筑基本上都没有了细腻的细节表现，所追求的都是在远距离上的宏大效果。

除希腊三柱式之外，罗马人还增加了两种柱式。一种是塔斯干式（Toscan Order），其柱身、柱础、柱头基本与多立克式相同，而檐部和额枋则与爱奥尼克式相似。另一种新柱式叫组合柱式（Composite Order），它的柱头是在科林斯叶饰柱头上叠加爱奥尼克式卷涡，以加强装饰性。

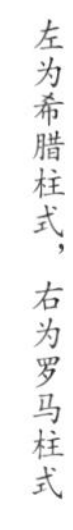

左为希腊柱式，右为罗马柱式

这座马塞卢斯剧场后来也遭到很大的破坏。看台的大部分连同舞台都不存在了，内部都建满了住宅，只剩下一部分看台立面还保存着。

马塞卢斯剧场遗迹

5-5 罗马的阿格里帕大浴场

马塞卢斯去世后，奥古斯都把守寡的女儿嫁给他的亲密战友 M. V. 阿格里帕（M. V. Agrippa，前 63—前 12）。阿格里帕与奥古斯都同龄，当初是由恺撒亲自挑选出来伴随在奥古斯都身边的。奥古斯都是个体弱的

阿格里帕

人，不擅长征战，他所从事的战争几乎都是由阿格里帕代为指挥，对阿格里帕极为信任。当时阿格里帕已经与马塞卢斯的妹妹——也就是奥古斯都的外甥女结婚，但是奥古斯都仍然命令阿格里帕离婚，然后与自己的女儿结婚，希望他们的后代能够成为自己的接班人。

阿格里帕是一个战争时期能上阵杀敌，和平时期也能从事工程建设的典型的罗马军人。奥古斯都时代遍布帝国境内的大部分公共建筑都留下他的身影。

红点处为阿格里帕大浴场

在指挥完成恺撒遗留下的尤利娅选举会堂之后，阿格里帕又在旁边开挖了一个人工湖，并修了一座大浴场。这座阿格里帕大浴场（Baths of Agrippa）是罗马第一座大型公共浴场。

到了这个时候，可能是源自古希腊的公共洗浴习俗已经发展成为罗马人日常社交生活的一个不可缺少的重要组成部分。罗马人的公共浴室一般设有热水浴或

罗马浴场的人工火坑供热系统示意图

蒸汽浴、温水浴和冷水浴。在供热方面，罗马人起初是利用天然温泉。大约在公元前 1 世纪的时候，罗马人发明出人工火坑供热系统，让木材燃烧所产生的热空气在用砖垛架空的地板下面和特设的夹墙空隙间循环流动，使房间和浴池得到加温，从而摆脱自然条件的束缚。

绿色箭头处可以看到阿格里帕大浴场中央主浴室穹顶的墙体遗迹

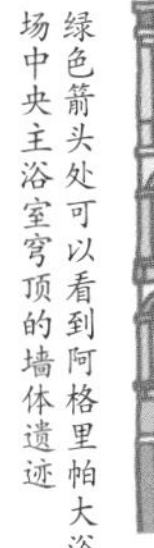

在这些附属有各种休闲娱乐设施——比如运动场、图书馆、音乐厅、商场、花园等——的公共浴室里，罗马人可以很舒适地度过闲暇时间。据说，公元前 33 年，罗马共和国有 170 座公共浴室。而到公元 4 世纪，罗马帝国的公共浴场多达 856 座，另外还有 1352 个游泳池。[17]

这座浴场除了外轮廓今天还能依稀感受到之外，其中央主浴室的部分混凝土墙体还保留着。

阿格里帕大浴场中央主浴室穹顶的墙体遗迹

5-6 罗马的少女输水道

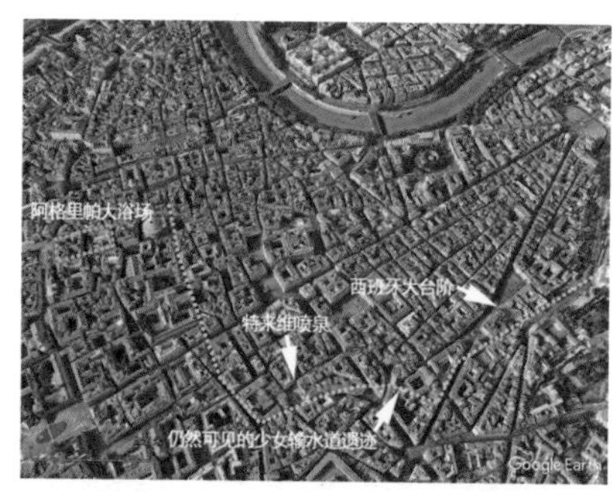

蓝色线条为少女输水道走向

特莱维喷泉

西班牙大台阶下的『破船』喷泉

为了向大浴场供水，阿格里帕专门修建了一条新的输水道——少女输水道（Aqua Virgo）。一般说来，罗马的公共工程都是以倡导者的名字命名，这条输水道是个例外。据说是一位少女带着罗马士兵找到了这处优质水源，于是就以此命名了。

这条水道在经过维修和改造之后，2000 年来一直承担着向罗马城输水的重任。今天在罗马老城里漫步，随处可见流淌不息的喷水池，其用水大都是来自这条少女输水道，其中就包括著名的特莱维喷泉以及西班牙大台阶下的“破船”喷泉。

除了这条少女输水道，阿格里帕还为罗马修建了两条输水道，其中一条在他去世之后才建成。到了这个时代，罗马已经拥有七条输水道，每天都有超过 60

万吨的清洁水源源不断流入罗马。这些用水中，大约 20% 提供给各种各样的大小浴场，40% 是分流引入到比较富裕的私人住宅的收费用水，而剩下 40% 则通过遍布全城不计其数的公共喷泉免费提供给市民使用，使之成为罗马文明的重要保障。

使用少女输水道供水洗衣的女子（作者：G. Migliara）

5-7 罗马的奥古斯都海战表演池

在阿格里帕去世之后才建成的那条输水道叫阿尔谢提那输水道（Aqua Alsietina）。这条输水道的水质在所有罗马输水道中算是比较差的，只能作为工业用水，通往台伯河西岸手工业集中的第十四行政区。水引入这里之后，被一个长 530 米、宽 350 米的大型蓄水池蓄积起来。据说当时曾经在这里举行过一次有 30 艘战船参加的模拟海战表演，以后罗马人就称这个蓄水池为奥古斯都海战表演池（Augustus Naumachia）。

阿尔谢提那输水道，现仍可见其水道桥遗迹

奥古斯都『海战表演池』（作者：U. Checa）

基督教兴起后，这一带逐渐发展成为基督徒聚集区。蓄水池早已不见踪影，只有输水道仍然还在发挥作用，今天还可以看到水道桥遗迹。

5-8 那不勒斯的公路隧道

黄色虚线标示出科齐乌斯隧道位置，近景左下角为有名的温泉度假胜地拜亚

位于罗马南方的那不勒斯海湾风光秀丽，是罗马贵族最喜欢的度假胜地。为了方便车辆运输和人员货物往来，阿格里帕在海湾北面的山梁下修建了三处公路隧道，其中最长的一条长达 970 米，另外两条的长度也分别达到 780 米和 711 米。隧道内部的宽度都是按照罗马大道的标准在4.5米以上，高度4.5 ~ 8米。

最长的那一条隧道叫科齐乌斯隧道（Cocceius Tunnel），从海滨平原穿越火山湖外围的环形山以到达罗马时代最著名的海滨疗养胜地拜亚（Baiae）。这里有许多优质的天然温泉。因为隧道外由火山口所形成的湖泊总是散发出硫黄的恶臭，在与阿格里帕同一时代的诗人维吉尔（Virgil，前70—前19）创作的《埃涅阿斯纪》中，就把罗马时代有名的女巫库米（Cumaean Sibyl）的居所安置在这里。在神话中，阿波罗爱上了库米，给了她预见未来的能力，并且允诺她长生不死，但库米却忘了向阿波罗索要永恒的青春，于是就在岁月流逝中日渐枯萎，求死而不得。在《埃涅阿斯纪》中，这位女巫曾经引导埃涅阿斯，从这座被维吉尔称为地狱入口的隧道口游历地狱。确实，将近1000米的深度，在那个时代，足以探测到地狱的大门了。这座隧道后来不再使用，在中世纪的时候竟然成了一处宗教圣地。

米开朗琪罗在西斯廷礼拜堂天顶画中所画的库米女巫

那不勒斯隧道（Crypta Neapolitana）入口（作者：G. Vanvitelli）

这三条可以通车的隧道的长度在古代世界是首屈一指的，充分表现出罗马时代杰出的工程技术水平和他们征服自然世界的坚定决心。

那不勒斯隧道内部

5-9 里米尼

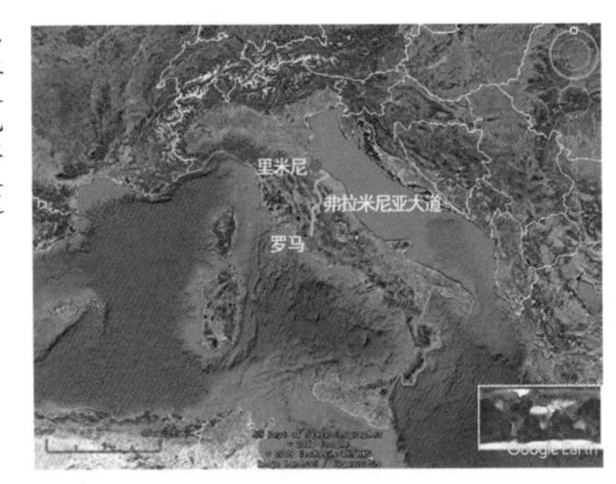

弗拉米尼亚大道

弗拉米尼亚大道上的罗马大桥遗迹（作者：J. Thibault）

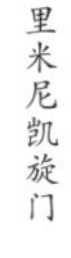

里米尼凯旋门

里米尼（Rimini）位于意大利东北部亚得里亚海海岸，它与罗马之间通过弗拉米尼亚大道（Via Flaminia）相连。这条大道早在公元前 220 年就已建成，是通向意大利北方和巴尔干地区最重要的交通干道。当年恺撒跨越卢比孔河之后，正是经由这条大道直取罗马的。在后世漫长的历史中，这条大道一直都发挥着重要作用。奥古斯都即位后，对这条大道进行了全线修整，沿线修建了大量的桥梁和隧道。公元前 27 年，奥古斯都下令在大道的终点处修建一座凯旋门（Arch of Augustus）以示纪念。

凯旋门（Arch）是古罗马特有的一种纪念性建筑，通常用来迎接大获全胜的军队凯旋。但也有像这座凯旋门这样用来纪念某一重大事件。

5-10 尼姆

法国南部的尼姆（Nimes）是帝国在高卢的主要城市之一。位于城郊的举世闻名的加德水道桥（Pont du Gard）是由阿格里帕于公元前 19 年主持修建的尼姆输水道的一段。全长约 50 公里的输水道，从泉眼到尼姆城总共只有 17 米落差。由于古代社会并没有我们今天的各种电力泵站，要想让水能够从水源地顺利地流到 50 公里以外的城里面，最基本的前提条件是要让两者间始终保持水位落差，因此水道的坡度就必须保持在 0.34‰左右。而且沿途还要翻山越岭、开路建桥，工程的难度可想而知。

尼姆的加德水道桥遗迹

为了减少工程量，罗马人在选择输水道路线的时候会尽量依靠山坡之类的自然地形，很少会

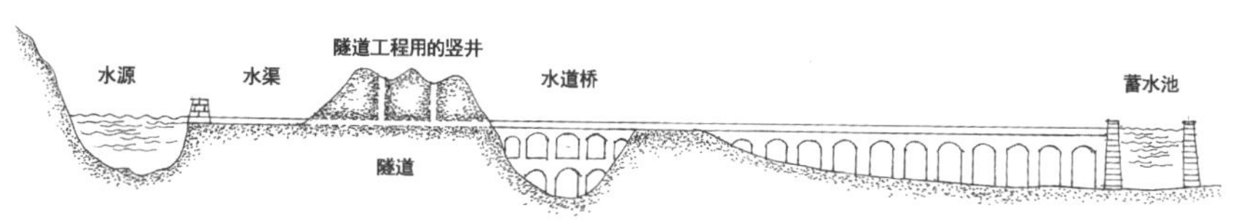

罗马输水道

加德水道桥遗迹鸟瞰图

走直线。遇到难以绕过的山梁，他们会挖掘隧道予以穿越。而如果是遇到河流或者地势低洼的地方，那就要架桥了。

加德水道桥顶端水槽内景

在陡峭的加德河谷，输水道用三层连续拱券跨越峡谷两岸。其上部全长 275 米，最大拱券跨度为 24.5 米，最高处距离水面约 50 米。据估算，当时每天约有 2.2 万吨的水要从这里流入尼姆，数百年间竟在上方的密封水道里积累下厚达40厘米的水垢。

加德水道桥遗迹

古罗马学者老普林尼把水道桥看作为罗马最伟大的成就。他说："如果你注意那些巧妙地导入城市供民众使用的输水道；如果你观察那些必须要保持的适当落差、那些必须要穿透的山崖、必须要填平的洼空，你就会得到一个结论，上天赠予人世者无它，唯有神奇二字。"[18]

古色古香的尼姆城内有一座可能是今天保存最为完好的罗马神庙——梅宋卡瑞神庙（Temple of Maison Carrée，意为方形殿），建于公元前 15 年。

尼姆的梅宋卡瑞神庙遗迹

在这座神庙建成整整 1800 年后，美国《独立宣言》的起草者 T. 杰斐逊（T. Jefferson，1743—1826）成为美国建国后的第一任驻法国大使。在考察了尼姆神庙之后，他回到新生的美国，以这座神庙为样板设计了弗吉尼亚州议会大厦。他称之为“第一座为人民主权而设计的神庙”。这座建筑以后成为美国各州议会大厦的样板。后来建设的美国国会大厦也是以神庙作为基本造型的。

里士满的弗吉尼亚州议会大厦

在距离梅宋卡瑞神庙不远的地方还有一座引人注目的角斗场。

尼姆角斗场遗迹

角斗比赛深受罗马人的欢迎。它最早可能起源于伊特鲁里亚人的一种葬礼仪式，在英雄的葬礼上用模拟英雄生前的英勇战斗和流血牺牲来向死者致敬。这项仪式后来逐渐发生变化，到帝国时代时已完全成为一种公众娱乐活动。角斗不仅在角斗士之间

马赛克镶嵌画《罗马角斗士》

进行（称为 Munera），有时也在人与凶猛的野兽之间展开（称为 Venatione）。为观看这种活动而建造的角斗场看上去就像是用两个半圆形剧场合并在一起形成的，所以它的正式名称就叫作“圆形剧场”（Amphitheater）。

尼姆角斗场外观

尼姆角斗场内部现状

尼姆角斗场建造于公元 1 世纪，就像帝国其他城市的同类建筑一样，平面呈完美的椭圆形。它的长轴长 133 米、短轴长 101 米，内部有 34 排座位，可以容纳两万多名观众。今天，角斗士之间真刀真枪的搏斗你已不可能见到，但斗牛比赛仍然在这里年复一年地举行，成为当地最富特色的民俗活动。

5-11 梅里达

西班牙城市梅里达（Merida，罗马时代称为 Emerita Augusta）号称是仍在使用中的保存最完好的古罗马城市。它是公元前25年由阿格里帕指导建造的殖民城市，用来安置驻守西班牙的罗马军团退伍士兵。

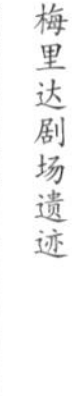
梅里达剧场遗迹

这座城市拥有众多保存良好的罗马时代遗物，包括两条高架输水道、赛车场、角斗场和剧场，以及一座全长793米迄今仍在使用的大桥。这座大桥的中央部分原本是一座人工加固的岛屿。公元16世纪该岛被洪水冲毁，后来补建了一段桥梁将两端的罗马拱桥联络起来。

梅里达的罗马大桥遗迹

5-12 莱茵河与易北河

公元前12年，阿格里帕在那不勒斯病逝。奥古斯都失去了他在军事上最得力的助手，其影响不久后就呈现出来。

条顿堡森林之战（作者：P. Jovanovic）

大概是从地图上得到灵感，奥古斯都试图把恺撒通过反复实地侦查慎重确立的罗马北方防线从莱茵河推进到易北河一线，这

样一来就可以大大缩短罗马边防前线的长度。罗马军团为此多次越过莱茵河出击日耳曼人。但是由于日耳曼人还处在比较原始的游牧状态，少有比较像样的定居点和集结地，罗马军团擅长的大型会战的战术在这里毫无施展的余地。当年恺撒征战高卢的时候，既是依靠自身天才的指挥能力，同时也是得益于已经进入半文明状态的高卢人对更加野蛮的日耳曼人的畏惧，愿意接受罗马人的保护，这才很快降服了高卢人。而这些条件奥古斯都全都不具备，于是这场日耳曼战争就变成了旷日持久的追逐战和反游击战。

就在罗马人经过20年不懈努力几乎就要成功实现目标的时候，公元 9 年，三个罗马军团在一次行动中被打入其内部的奸细引诱进入茫茫森林，遭遇日耳曼人埋伏，全军覆没。奥古斯都的决心受到极大动摇。罗马人撤回到莱茵河畔，从此不再有征服日耳曼人的念头。由八个罗马军团守卫的莱茵河从此成为西欧文明与野蛮的分界线。

5-13 新迦太基

根据传说，腓尼基（Phoenicia，大致相当于今天的黎巴嫩）公主狄多（Dido）为了躲避国王哥哥的追杀，带领随从逃亡到北非并创建了迦太基（Carthage）。后来埃涅阿斯在逃离特洛伊后也辗转来到这里，与狄多公主相识相爱。一段时间之后，埃涅阿斯想起了神所赋予他的创建罗马的使命，不得不抛弃狄多，独自前往意大利。伤心至极的狄多对罗马发出了诅咒，然后悲愤自杀。据说埃涅阿斯后来有一次在前文介绍过的那位库米女巫带领下周游地狱的时候还去寻找狄多。他满怀歉意地试图安慰她，可是狄多却一言不发地走开，一滴眼泪也没有流下——她的眼泪早已经流干了。

迦太基在以后的岁月里迅速发展壮大，成为西部地中海的海上霸主。罗马崛起后，两大强国不可避免地发生了激烈的冲突。

狄多之死（作者：J. Stallaert）

汉尼拔越过阿尔卑斯山（作者：H. Leutemann）

经过三次惨烈的战争，罗马于公元前146年获得最后胜利。为防止迦太基卷土重来，罗马元老院下令彻底夷平这座城市，永远不许再建。但是仅仅过了20年，由于贫富不均导致社会动荡，罗马人又开始计划重建迦太基，以期解决罗马农民的失地问题，并促进罗马商业发展。但这个计划直到奥古斯都时代才最终得以实现。

这座重生的城市有着“非洲罗马”的美称。它拥有仅次于罗马的帝国最大的广场、帝国第二大的赛车场以及规模宏大的角斗场、剧场、浴场等，还有一条132公里长、最高处有33米高的输水道。

在基督教时代到来后，迦太基继续发挥重要作用。第一部拉丁文本的《圣经》就是在这里诞生的。德尔图良（Tertullian，150—230）、西普里安（Cyprian，200—258）和奥古斯丁（Augustin，354—430）等许多早期基督教有名的神学家都曾经在这里学习生活。公元647年，阿拉伯军队占领迦太基。信奉伊斯兰教的阿拉伯人放

罗马时代的迦太基城（作者：R. E. Pinar）

弃了这座已经成为基督教堡垒的城市，而在附近另建突尼斯城（Tunis）取而代之。迦太基从此成为一个历史名词。

迦太基城遗迹

5-14 巴尔贝克

位于今天黎巴嫩的巴尔贝克（Baalbek）是一座历史悠久的古城。奥古斯都时代，这里成为罗马东方防线的重要基地。大约在公元 14 年左右，奥古斯都在这里修建了一座规模巨大的朱庇特大神庙（Great Temple of Jupiter）。

巴尔贝克朱庇特大神庙（作者：B. Balogh）

这座神庙采用科林斯柱式，长 87.7 米、宽 47.7 米，平面为 10 柱 ×19 柱布局。它的基台高达 13.5 米，前面有很长的大台阶，气势极为雄伟。由于后世遭到地震的严重破坏，现仅存侧面 6 柱。其柱高 20 米，直径 2.2 米，是古罗马建造的最大的圆柱之一。

巴尔贝克朱庇特大神庙遗迹

巴尔贝克的朱庇特大神庙遗迹，基座下方可见几块巨大的条石

这座神庙的基座都是由大块的石头砌成，其中最大的三块巨石各重约 800 吨。在附近的采石场里还保存着三块更大的巨石，原本也是准备用于建造这座神庙的基座，其中最重的一块竟然达到 1600 吨。这很可能是古人曾经动过念头要搬运的最大的石头了。

巴尔贝克的巴库斯神庙

在这座大神庙旁边，公元 150 年左右，当地人又修建了一座献给酒神巴库斯的神庙（Temple of Bacchus）。它的规模较小，但保存较为完好。它的柱廊也是科林斯式的，雕刻装饰甚为华丽。

巴尔贝克的维纳斯神庙

在它们的附近还有一座建造于公元 273 年的维纳斯神庙（Temple of Venus）。它的形态十分别致，前方后圆，在前柱廊的后方是一个穹顶内殿，直径约 9.75 米。其外檐壁和基座都被处理成反向的弯曲形态，在光照下呈现出丰富的表面效果。

5-15

罗马的奥古斯都和平祭坛

1938年修复的奥古斯都和平祭坛（Ara Pacis Augustae）是奥古斯都时代最重要的纪念性建筑物之一。这座祭坛建造于公元前13年，原本是位于罗马城北的弗拉米尼亚大道旁，紧挨着奥古斯都建造的大日晷。当时这里还是一大片的空地，后来才逐渐繁荣起来。中世纪这一带遭遇洪水，和平祭坛被冲垮并被淤泥掩埋。近代被挖掘出来之后，由于原址已经布满后世的建筑，遂于1938年在台伯河畔奥古斯都陵墓旁建造的小型博物馆中予以复原。

奥古斯都和平祭坛现状

这座祭坛四周围以10.5米长、11.6米宽、7米高的围墙。围墙内外都饰以浮雕，内墙刻着花环，外墙前后刻着神的形象以及创建罗马的英雄人物，雕塑家以此来宣扬奥古斯都时代的和平与繁荣。在祭坛外墙两侧，分别雕刻着两列向前行进的人物形

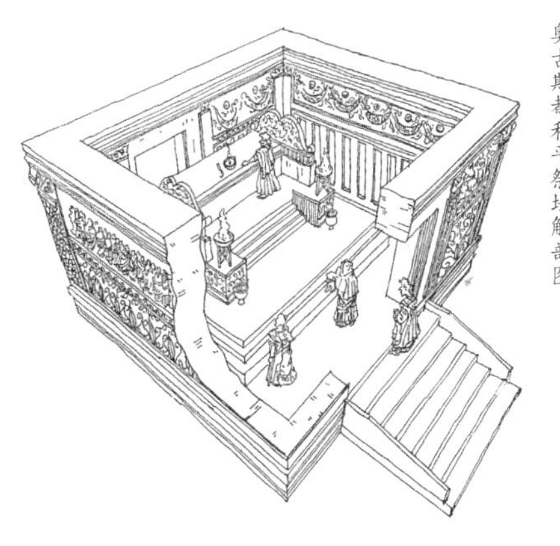
奥古斯都和平祭坛解剖图

象，他们正在前来参加奠基仪式。其中左边的一列是元老院成员，右边的一列则是以奥古斯都为首的家族成员。

下图左起第一人为奥古斯都，靠近画面中部的牵着男孩的高大男子为阿格里帕，手里牵着的是他的一个儿子，其后隔着两人的牵着孩子的女子为阿格里帕的妻子尤利娅，手里牵着的是他们的另一个儿子，在他们夫妻俩之间的是奥古斯都的第二任妻子莉薇娅，以及莉薇娅的儿子提比略。

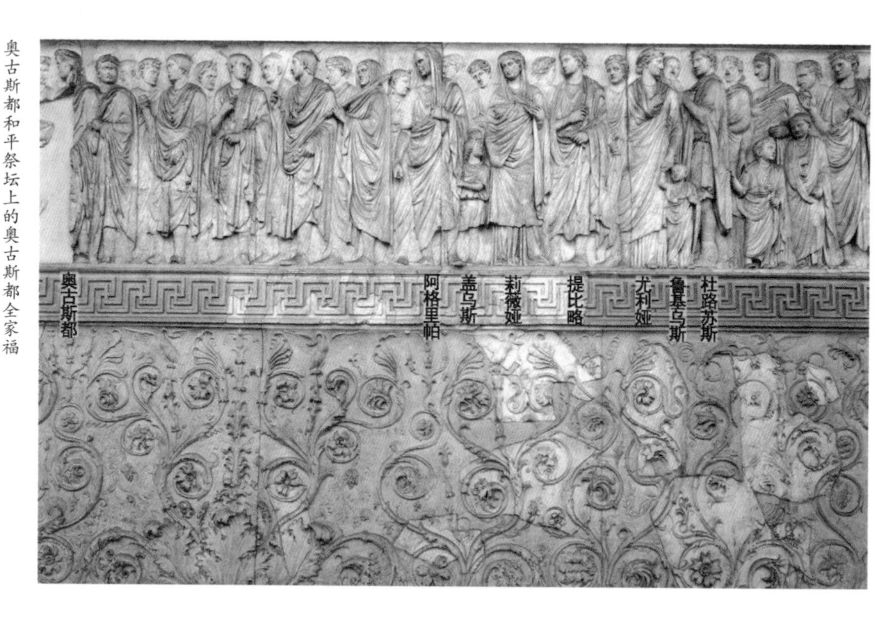

奥古斯都和平祭坛上的奥古斯都全家福

5-16

罗马的奥古斯都陵墓

奥古斯都生前就为自己和家族成员建好了陵墓（Mausoleum of Augustus）。他选择王政时代伊特鲁里亚圆台陵墓式样，借以宣示他对古代遗产的继承。这是一座罗马此前从未见过的蔚为壮观的陵墓建筑，它的直径约有 87 米，高度曾达 44.5 米，周围环以多层柱廊。

奥古斯都陵墓复原图（作者：G. Gatteschi）

公元 14 年，奥古斯都去世，享年 76 岁。临终前，他对朋友们说：“既然我已经出色地扮演了我的角色，你们就鼓掌吧，让掌声伴送我退出这舞台。”[19]

奥古斯都陵墓遗迹，旁边为修复后的奥古斯都和平祭坛

第六章 尤利乌斯—克劳狄乌斯王朝

“我终于有住的地方了。”

6-1 提比略

奥古斯都只有一个女儿尤利娅。他本来把继承的希望寄托于尤利娅与阿格里帕所生的两个外孙，但他们却不幸双双早逝。无奈之下，奥古斯都最终选择了他的继子提比略（Tiberius，14—37 年在位）作为皇位继承人。

提比略的父母都出身于罗马最尊贵的克劳狄乌斯（Claudius）家族。这个家族比恺撒的尤利乌斯家族更加耀眼，历史上曾经出过 28 位罗马最高位的执政官。还在与安东尼争权的时候，屋大维就爱上了提比略的母亲莉薇娅，当时她刚刚才又怀上了提比略的弟弟杜路苏斯（Drusus）。屋大维强迫她离婚，然后娶了她。两人厮守一生，但没有能够再生下孩子。在阿格里帕去世之后，奥古斯都第三次祭出强迫离婚的手段，命令已婚的提比略离婚，然后把第二次守寡的女儿嫁给他，以使他有一个合理的理由来继承奥古斯都的遗产。公元 14 年，根据奥古斯都的遗嘱，提比略继承了恺撒·奥古斯都的称号，获得元老院和罗马公民大会的认可，成为罗马第一公民、全军最高司令官和护民官，罗马帝国的第二任皇帝。

提比略

在提比略统治期间，公元 30 年，耶稣被处死在帝国东部的耶路撒冷。

6-2

罗马帝国与罗马公民

虽然与中国一样都叫作皇帝，但两者之间不同的地方还是很多的。从罗马共和国到罗马帝国，它的正式名称从来没有改变过，一直是“元老院与罗马人民”（Senatus Populusque Romanus）。其简称 SPQR 这四个拉丁字母被广泛使用在罗马军团的军旗以及各个公共建筑上。至少从名义上来说，罗马帝国的真正主人始终都是罗马公民。皇帝是受元老院和罗马公民委托行使国家管理权的第一公民和军队最高司令官，并不能像我们一般理解的“皇帝”那样可以为所欲为。

『元老院与罗马人民』

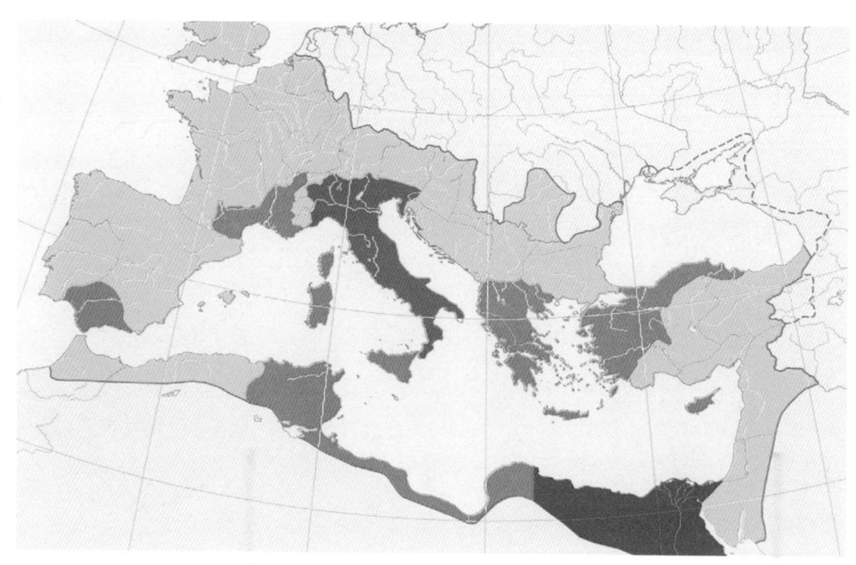

罗马帝国：紫色为意大利本土，橙色为元老院管辖行省，黄色为皇帝直辖行省，红色为皇帝私人领地埃及

在行政方面，按照奥古斯都制定的规则，罗马世界由四个不同部分组成。第一个是意大利本土，由罗马公民大会选举产生任期一年的执政官进行管理。第二个是共和国时代就已被征服的富裕行省，包括高卢南部、西班牙南部、西西里、北非、希腊和小亚细亚西部等。这里除高卢、西班牙外，都是比罗马要古老得多的文明古国，也是罗马帝国最富裕的地方。这些行省全部掌握在罗马元老院的手中，由元老院指派任期一年的总督进行管辖。第三个是需要派驻边防军的边境行省，由皇帝任命不定任期的军事总督进行管理。第四个是埃及，奥古斯都是以成为埃及法老的名义把埃及并入罗马世界的，所以埃及是皇帝的私人领地。在管理上，这些总督、执政官只是负责大政方针的协调，具体的日常事务都是由每一个自治的地方政府自行管理的。

罗马世界的自由民分为罗马公民和非罗马公民。意大利本土居住的自由民都是罗马公民。而行省居民在满足特定条件后也可以成为罗马公民。罗马公民最主要的特权就是不用缴纳直接税，只需要缴纳间接税。而非罗马公民，除了间接税外，还要缴纳年收入 10% 的直接税。[20] 这当中，元老院行省产生的税收由元老院支配，皇帝直辖行省以及埃及的税收则交给皇帝使用。但是这些钱并不是提供给皇帝个人享乐用的。由于全国的边境行省都是由皇帝管理，所以全部边防军的招募和开支都是由皇帝承担——因此军队才会服从皇帝的指挥。此外，皇帝还要分担包括国家道路、城市输水道、浴场、广场、角斗场、赛车场、剧场、神庙等各种公共建设的费用和娱乐开销，以取悦人民。

罗马人民

6-3 罗马的提比略住宅

虽然与中国一样都被称作皇帝，但在居住方面，罗马皇帝跟普通人一样也是要自己出钱买地盖房子的。恺撒自从当选为任职终身的大祭司起一直到遇刺身亡，19 年间，不论职务怎

图中红色区域为奥古斯都住宅，黄色区域为提比略住宅

样变化，一直都居住在闹哄哄的罗马广场边上的大祭司官邸。平日外出度假，他都是借住在朋友家的别墅。他在罗马的私人财产只有台伯河西岸的一座不大的花园，死后遗赠给罗马公民作为公园。奥古斯都在位 41 年，在罗马居住的是自己花钱在富豪云集的帕拉丁山购地建造的毫不显眼的私宅，比众多的元老院贵族都不如。而提比略则不然，因为出身罗马首屈一指的克劳狄乌斯家族，家庭财富本就不同一般。即位之后，他就在帕拉丁山奥古斯都住宅的旁边建造了一座面积比奥古斯都住宅大得多、并且足可以跟最富有的元老相比的气派住宅（House of Tiberius）。不过即使这样，这座皇家住宅也是远远不能跟中国皇帝的宫殿相提并论的。

在这里，我们不妨把差不多同一时期中国汉长安拿来跟罗马城做一个比较。极盛时期的汉朝所控制的疆域与罗马帝国相差无几，而汉长安的面积则要明显大于罗马城。不过这只是表面现象。在长安城中，单单皇帝及其妃子们居住的宫殿就有五座，其中面积最大的边长超过 2 公里，全部加起来差不多占了长安城总面积的三分之二。剩下的三分之一中，大部分区域还要用来布置宗庙、官署和各类皇家仓库，真正可供居民居住的地方所剩无几。实际上，这座长

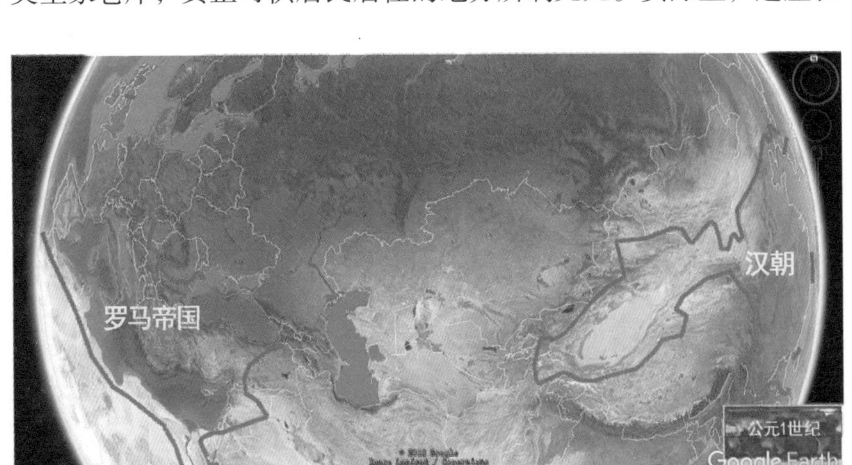

罗马帝国与汉朝（公元一世纪）

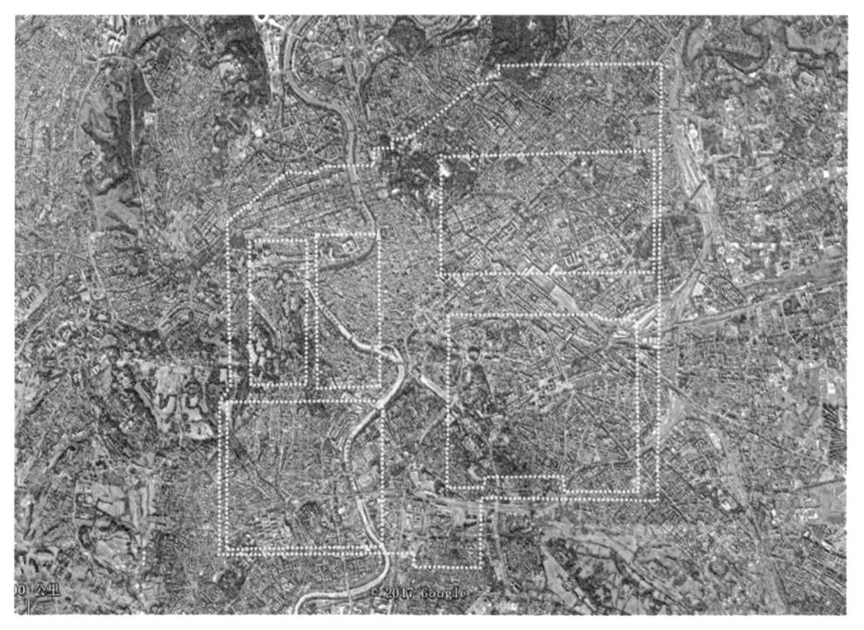

图中黄线所示为同比例叠加的汉长安及其宫殿，红色外圈区域是3世纪建造的罗马城墙范围，红色内圈标示的区域包含后来修建的弗拉维亚宫

安城只不过是一座特大型的宫殿，与寻常百姓丝毫无关的。长安城附近的大部分居民都是居住在皇帝陵墓旁专门建造的陵邑中，为皇帝守灵。而罗马城几乎全城都是由百姓居住，兼做官署用途的宫殿仅占其中极小的一点区域，而且还要皇帝私人掏钱向从前的地主购买并且自己花钱建造。

可以这么说，长安城与罗马城两者之间的主要差异，不是在于面积大小或者城墙高矮，而是在于：一座仅仅是为一个人——皇帝，和他的后宫、太监以及极少数官僚、随从所服务的城市；而另一座却是100多万罗马人民不分高低贵贱，共同生活、共同建设、共同享有的城市。

6-4 罗马军团与罗马的近卫军军营

共和国早期，罗马的常备军队只有四个军团。后来随着罗马世界的不断扩大，军队规模逐渐增加。进入帝国时代之后，奥古斯都把罗马军团的数量固定为 28 个左右。每个军团都有永久传承的番号、军旗和徽章，与现代军队别无二致。罗马军团主要由步兵构成，编制大约为 6000 人。除此之外，每个军团还会配备有包括骑兵、弓箭手等在内的辅助部队（Auxilia），其数量与正规的军团兵（Legionary）大致相同。军团兵加上辅助兵，罗马军队总数约 33.6 万人。这个规模一直保持到公元 3 世纪。

罗马军团的军旗及番号

罗马军人

参加罗马军团的从来都不是随意抓来的壮丁或者是强征的农夫，而必须是罗马公民权的获得者——所以他们才不用缴交直接税。他们自愿参军，士兵服役20年，服役期满可以获得优厚的退休金。而由各边境行省的原住民组成的辅助兵也是依从自愿参军的原则，服役25年，服役期满能够获得可以继承的罗马公民权。所有这些部队几乎全部部署在边境线上。

在意大利本土原本没有驻军。任何将军凯旋之前都要先解散军队，以平民身份返回罗马，然后才能在举行凯旋式的那一天，再带领部下穿上军装出去走一圈。到了奥古斯都帝国时代，才建立了一个由9000人组成的近卫军团负责守卫罗马。

近卫军军营遗迹鸟瞰图

公元23年，提比略在罗马城外为近卫军修建了一座军营（Castra Praetoria）。这座军营今天仍然作为意大利军队的军营在使用，罗马时代的围墙今天也还保留着。

近卫军军营围墙遗迹

6-5 维罗纳

维罗纳角斗场遗迹

意大利北方城市维罗纳（Verona）有一座保存较为完好的角斗场，建于提比略时代。这座角斗场拥有44排座位，大约可以容纳2万多人，其规模在现存罗马角斗场中排名第三。经过修复后，这座角斗场现在每年夏季都会举办歌剧节，是意大利最负盛名的文化活动之一。

维罗纳

从空中俯瞰这座城市，可以看到，在阿迪杰河（Adige River）大回旋的内侧，城市的街区仍然保持着整齐的网格，每一个街坊的边长都在80米左右。这样一种井井有条的规划方式跟我们之前看到的几座城市类似，是罗马殖民城市的典型布局。

欧洲古代最早采用这种布局方式进行城市建设是在公元前5世纪的希腊。后来被称为古典城市规划之父的希波丹姆斯（Hippodamus）在主持被波斯帝国摧毁的米利都（Miletus）重建的时候，通过对城市的社会体制、宗教和城市公共生活职能的深入分析，在吸收了美索不达米亚等东方地区城市建设经验的基础上，探索出一条以棋盘式路网为城市骨架、以城市广场为核心、实行功能分区的新型城市规划理论模式。

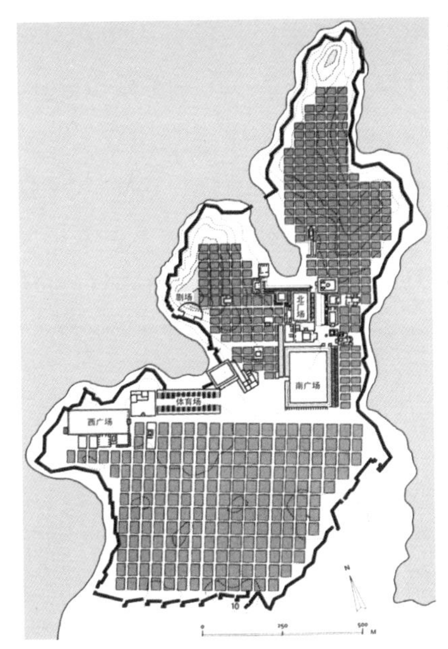

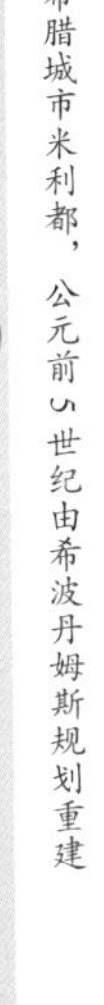
古希腊城市米利都，公元前5世纪由希波丹姆斯规划重建

这种模式非常适合于在一块新的土地上进行快速的城市建设。正如芒福德说的那样，它可以提供一套“迅速的、大体平均的分配建筑用地的方案”，[21]从而使城市的新居民处于一种相对平等并且相对熟悉的状态，因此深受罗马殖民者和罗马帝国行政管理当局的欢迎，成为罗马殖民城市的标准做法。

米利都复原图（作者：B. Balogh）

与那些在漫长岁月中逐渐形成的、因而看上去有些杂乱无章的城市相比——比如可以追溯到伊特鲁里亚时代的意大利城市锡耶纳（Siena），像米利都这种通过人为规划形成的城市显然是秩序井然、有条不紊的。但是从

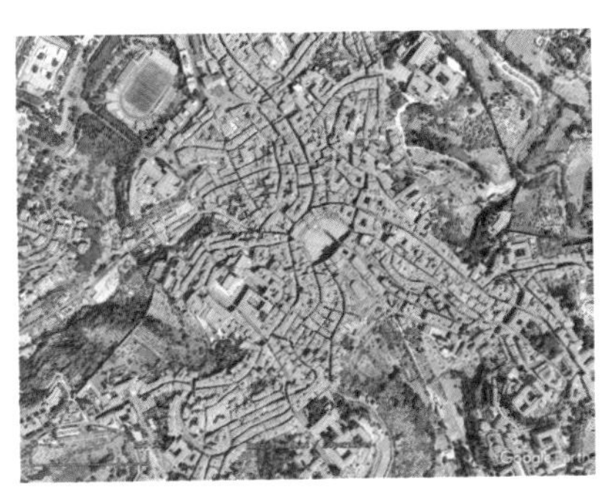

锡耶纳

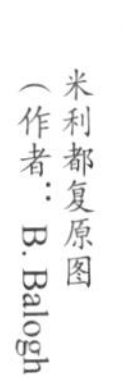

另一方面来说，这种人为规划的最大问题就是：规划者往往对实地环境无动于衷，把原本城市建设应该紧密结合自然特征的设计思想，转变为主要依靠图上作业。他们的尺子所到之处，不论是山丘、溪涧、树林还是池塘，一概不予区别。这一点只要看看那张米利都的规划平面图就很清楚了，不论其中的海岸线和等高线是怎样变化，对于希波丹姆斯这样的规划师来说，都是毫无区别的，整座城市就像是一张白纸，可以任意涂画。

在那些看上去杂乱无章的自然形成的城市中，实际上包含了一代又一代人对待生活、对待自然的态度和智慧。比如锡耶纳这座城市，从空中看去，它的街道都是弯弯绕绕不走直线，而实际上街道的走向完全是根据当地特殊的地理环境：依着山坡、顺着河谷或者绕开大树和巨石。那些城市街区看上去形状多变、毫无逻辑，而实际上它却是顺从时间演变、人口增长和社会进化自然而然形成的。

而在像米利都这样看上去井井有条的城市里，说穿了，生活中的每一个方面都已经被某一个人——也许他是最了不起的大英雄——精心设计好了，其他的人都只能按照那个大英雄的意图去进行生活。那个大英雄想要他的城市是什么样子，他的城市就得是什么样子。他不想要他的城市里有什么，他的城市里就不会有什么。

柏拉图（Plato，约前 427—前 347）非常推崇这一点，他把旧雅典城市的嘈杂和混乱视为罪恶。他理想中的城市——就像希波丹姆斯规划的一样，应该是规规矩矩、整整齐齐的，每一个人都在城市中各居其位、各司其职。在这样一种看起来“高度组织化、井井有秩、清洁卫生、富裕，甚至极其美丽”[22] 的城市中生活，就某一个方面说也许确实会是安宁美好的。可是如果把统一和秩序变成城市生活的中心，自由和创造便有可能会远离而去。

平心而论，两种类型的城市——自然形成和人为规划——各有长短。前者虽杂乱却有活力，后者虽乏味却能适应快速发展。所以，今天我们要发展一座城市，最好的做法是两者的有机结合，而最坏的做法则是盲目地铲除前者而以后者取而代之。今天我们批判许多当代城市千城一面，其症结就在这里。

雅典，左下角自由布局的老城区与上方网格规划的新城区可以和谐相处

再回到这座维罗纳城。位于市中心的香草广场（Piazza delle Erbe）是一座从罗马时代一直繁荣至今的城市广场，虽然它的形状已经较从前发生了很多变化。

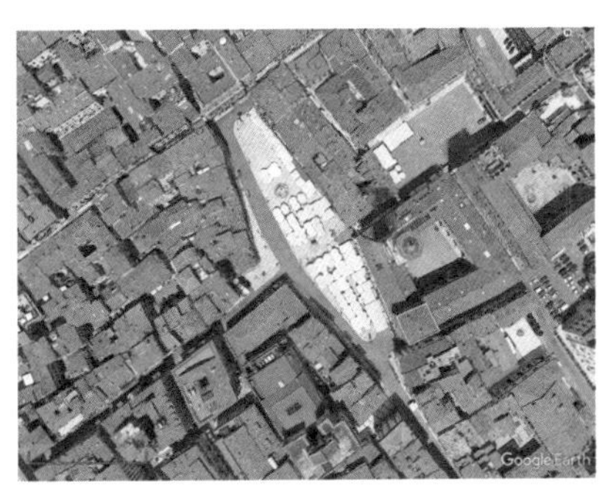

香草广场俯瞰图

一座城市广场要想获得应有的繁荣，应该具备几个条件。

第一就是要靠近主要的居民区，并与之保持在恰当的步行距离之内。没有居民，广场就没有了存在的意义。远离居民区的广场必然会沦落成为停车场。

第二个是吸引力。仅仅只是位于城市的中心地带，对于一座广场来说还不够，广场上还必须要有足以吸引居民经常前来的动力源泉。一般来说，宗教和公共建筑能够提供这种动力，比如教堂、庙宇、市政厅、剧场、图书馆、博物馆、美术馆、歌剧院、市场、交易所、餐馆以及购物中心等。这样的动力来源最好是不止一种，多多益善。这样既可以保证广场能够吸引到各式各样的人群，也可以使广场在每一个时间段都有充足的动力以保持适当的人气。

香草广场局部（一）

第三个是舒适性。通常需要用周边建筑的立面为广场提供一个物质的边界和心理的屏障。同时，广场的尺度不宜过大，不宜有交通流量较大的快车道穿行广场。

香草广场局部（二）

从这几个方面来考虑，周边拥有市政厅、市场和交易所的维罗纳香草广场确实可以称得上是成功广场的典范。如果我们从近距离观看这座广场就可以发现，广场上并没有几座亮眼的建筑，甚至建筑的形象也很不统一，有些建筑看上去还略嫌寒酸。但是这些并不重要。重要的是，这座广场以及它周边的建筑能够为前来这座广场的人提供各种各样的服务，可以来这里喝咖啡，可以来这里购物，可以来这里聊天。北欧有一句谚语：“人往人处走。”有人的地方就是温暖的地方，就是有吸引力的地方。而相反，没人的地方就是没有人会去的地方。人，才是一座广场真正的主角。

香草广场局部（三）

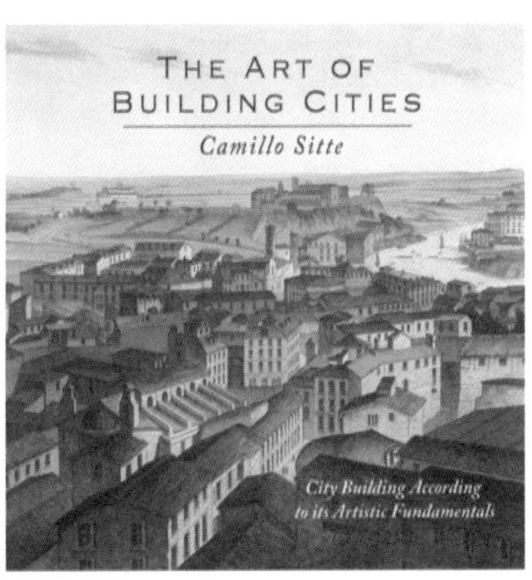

卡米诺·西特：《城市建设艺术：遵循艺术原则进行城市建设》

奥地利建筑师卡米诺·西特（C. Sitte，1843—1903）在他的名著《城市建设艺术：遵循艺术原则进行城市建设》（City Planning According to Artistic Principles）中谈到广场的时候曾经打过一个比方，他说：“广场就好似一座巨大的、没有天花板的音乐厅。”[23]他说得非常的好。其实广场设计与室内设计的手法很相似。在做室内设计的时候，我们不会要求每一面墙都一模一样——因为每面墙的后面都是一个不同的房间，都有不同的作用，但会要求它们相互关照以具有一

画面左侧为市政广场

香草广场局部（四）

种总体协调的效果。做广场设计也是如此，不必要求组成广场的每一座建筑都具有统一的风格，它们完全可以拥有各自的个性，但必须意识到它们是一个共同的整体。在这种场合，建筑中参与广场构图的那个立面与相邻的其他建筑的立面之间相互联系的整体感受，要比该立面与本建筑其他立面之间的关系要重要得多。我们今天常常有孤立地设计建筑的倾向，而在古代，不论中外，多数情况下，建筑都不是孤立地被对待的，设计的时候都要考虑与周边邻居的关系。盖房子本身确实是一件孤立的事情，但建筑设计应该是一件与周围环境和其他建筑相互联系的行为。

朱丽叶住宅内庭院

维罗纳还是莎士比亚笔下罗密欧与朱丽叶的家乡。从香草广场向东南方向行进不多远就可以看见所谓的朱丽叶住宅。罗密欧与朱丽叶曾经在这里上演了一场短暂而惨烈的爱情悲剧。这座住宅最有意思的地方在于其门口各式各样的“到此一游”涂鸦和便利贴。

朱丽叶住宅门廊

我们今天有一种倾向，特别反感在公共建筑上乱涂乱画。这个问题是值得商榷的。且不说中国古人曾把雁塔题名当作是人生一大美事，其实生活本身就是一场混乱。规矩越多，人的活力、想象力和创造力就会越少。

很多时候，做城市设计就像是在做数学运算。如果你看到的是坏处，那就去做减法；看到的是好处，就去做加法。做减法会越减越乏味，而做加法会越加越丰富。有的时候在这里觉得不好的东西，可能换一个地方、换一种人就很好。只有更多地去宽容和包容，这样的生活才会更加丰富多彩。

朱丽叶住宅门廊涂鸦

6-6 奥朗日

法国城市奥朗日（Orange）有两座保存较好的提比略时代的建筑。一座是位于城郊的凯旋门，高约 18 米，是现存最

奥朗日凯旋门

奥朗日剧场遗迹

早的三拱洞凯旋门。另一座是现今保存最完整的古罗马剧场，它的半圆形观众席一半利用山坡，另一半则用拱券架起，直径 104 米，可容纳大约 7000 名观众。它的舞台十分宽大，面宽 62 米，进深 14 米。

卡普拉岛的乔伊斯别墅

卡普拉岛的乔伊斯别墅

位于那不勒斯湾南部的卡普拉岛是奥古斯都的私人财产。提比略在岛屿东面临海 350 米高的绝壁上修建了一座乔伊斯别墅（Villa Jovis on Capri）。从这里放眼望去，那不勒斯海湾尽收眼底，让人心旷神怡。

卡普拉岛，乔伊斯别墅位于画面中央向外耸立的山崖顶部

这座建筑充分体现了罗马人的花园别墅选址观。与中国文人士大夫造园讲究曲径通幽、世外桃源不同，罗马人在选择园址的时候从不追求与世隔绝的感受，而是去寻找风景最美的地方。哪里有鲜花盛开，花园就建到哪里；

哪里有溪流低语，别墅就盖到哪里。一位罗马人羡慕地对他的有钱朋友说："难道在所有美丽的湖滨河畔都有你的花园别墅占据着最显要的位置之前，你的虚荣心就永不满足吗？任何地方，只要有一汪温泉从地下涌出，你就要马上去造一所别墅；任何地方，只要有山环水抱，你都要去造一幢府邸；陆地已经不够满足你了，你竟把平台和亭榭造到滔滔的海浪里。"[24] 这话用来形容提比略的这座别墅再恰当不过。

乔伊斯别墅复原图（作者：C. Weichardt）

乔伊斯别墅遗迹

公元 27 年，69 岁的提比略离开世俗喧嚣的罗马来到这座小岛隐居。他在这里一住就是十年，只是通过信件往来治理国政。

6–8 卡利古拉

公元 37 年，提比略去世。他的继承人是卡利古拉（Caligula，37—41 年在位）。提比略第一次婚姻曾经有一个儿子，但不幸早逝。在被迫离婚然后与奥古斯都的女儿结婚后，两人没有再生下孩子。后来经奥古斯都安排，提比略收养了弟弟杜路苏斯的长子日耳曼尼库斯（Germanicus）。因为日耳曼尼库斯的母亲是奥古斯都姐姐的女儿，他的妻子又是阿格里帕和奥古斯都女儿尤利娅的女儿，这样一来，在经过提比略这个“外人”过渡之后，继承权又可以回到受人欢迎的恺撒—奥古斯都家族的血统了。日耳曼尼库斯是一位受到罗马人民热爱的青年才俊，在准备东征帕提亚的时候不幸病逝，于是他的儿子卡利古拉就成为提比略的继承人。

6–9

罗马的卡利古拉赛车场

卡利古拉

卡利古拉出生在父亲的军营。他的名字“卡利古拉”的意思是军靴，士兵们用这个绰号来称呼深受他们爱戴的司令官的儿子，算是一种爱称。沐浴在父亲的光泽下，卡利古拉上任之初深得民众拥戴，他也很努力要做一些事情来取悦罗马公民。上任不久，他就把在严肃的提比略时代被禁止的赛车和角斗比赛解禁，还在台伯河西岸一座名叫梵蒂冈的小山脚下修建了一座新的赛车场

（Circus of Caligula）。

30 年后，耶稣的大门徒圣彼得（St. Peter）被埋葬在这里。300 年后，在圣彼得的墓地上修建起了著名的圣彼得大教堂。

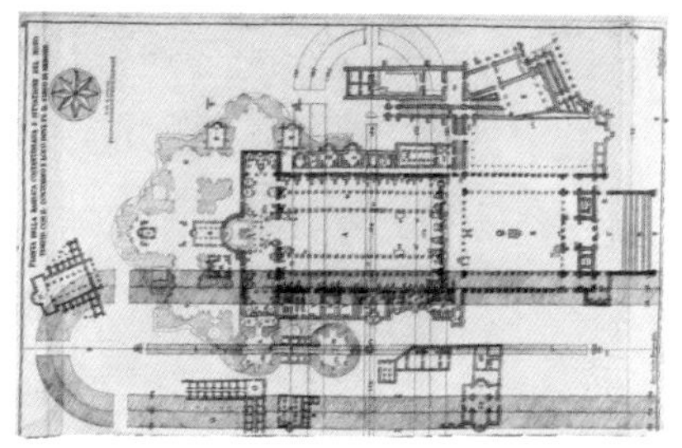

从卡利古拉赛车场到圣彼得大教堂（作者：C. Fontana）

经历后代的不断破坏和建设之后，当年那座赛车场到今天还能遗存下来的，就只剩下原本立在赛场中间、后来挪到大教堂前圣彼得广场上的埃及方尖碑了。

黄线为卡利古拉赛车场位置，旁为新圣彼得大教堂

6-10 罗马的克劳狄乌斯输水道和马焦雷门

卡利古拉还为罗马新建了两条长度分别为 69 公里和 87 公里的输水道：克劳狄乌斯输水道（Aqua Claudius，在后任皇帝克劳狄乌斯时代建成，由此得名）和新阿尼奥输水道（Aqua Anio Novus）。这两条输水道的水源都在罗马东部山区。出了山区之后，两条水位不同的输水道通过上下水槽叠加共用一座 9 公

克劳狄乌斯输水道（下）和新阿尼奥输水道高架桥（上）

较矮的为马西亚水道桥（作者：M. Z. Diemer）

里多长的高架水道桥通向罗马。在罗马城南，克劳狄乌斯输水道与共和国时代修建的叠加了三层水槽的马西亚输水道相遇，形成一个有趣的双重交叉。

马焦雷门

进入罗马城以后，克劳狄乌斯输水道的一段在公元3世纪时被改造为城墙，其中一处圆拱被保留成为罗马的马焦雷门（Porta Maggiore，意思是大城门）。在这座城门前，有一座罗马共和国时期面包作坊老板夫妻的合葬墓。为了保护这座造型奇特的坟墓，罗马人不惜将出城的大道改弯。千百年过去，伟大帝国早已不见踪影，可是这座平民之墓却还依然保留着。

马焦雷门前的平民之墓

6-11 克劳狄乌斯

公元41年，卡利古拉被心怀不满的近卫军杀害，他的叔叔克劳狄乌斯（Claudius，41—54年在位）被近卫军拥戴为新一任皇帝。时年51岁的克劳狄乌斯此前从来没有被考虑成为奥古斯都的接班人，所以他没有像哥哥日耳曼尼库斯那样改变家族的姓氏。于是从他开始，尤利乌斯皇族变成了克劳狄乌斯皇族。

克劳狄乌斯

6-12 奥斯蒂亚

位于台伯河入海口的奥斯蒂亚（Ostia）是为罗马输送货物的主要港口。为了解决河水造成的淤积现象（今天的台伯河口已经比那个时代要向外扩展大约3～4公里），克劳狄乌斯上任不久就决定在河口北侧的海岸上另建新港，同时在新港与台伯河之间开挖一条运河以方便部分需要上行前往罗马的船只。后来在公元2世纪的时候，图拉真皇帝又对这个新港进行了扩建，使之成为罗马城物质生活的重要保障。新港开挖之后，装卸、仓储之类的功能都在新港实现，而奥

奥斯蒂亚与克劳狄乌斯港（作者：J. C. Golvin）

斯蒂亚则作为办公和人员居住用途。

奥斯蒂亚遗址

全盛时代的奥斯蒂亚人口超过 10 万。中世纪的时候，奥斯蒂亚由于多次遭到海盗抢劫，居民逐渐流失，古城最终被完全废弃，并因此得以“幸存”下来。

奥斯蒂亚罗马时代的『岛』式住宅遗迹

在奥斯蒂亚遗址，除了那些在别的城市也能看到的剧场、浴场、神庙这样的公共建筑之外，最有价值的遗物当属普通民众的住宅。出于显而易见的原因，普通民众的住宅不易保存，更不用说是 2000 年前的住宅了。但在奥斯蒂亚，出于前述的原因，却有一些还比较好地保存着。它们与同时代罗马城内的住宅应无二致，是研究和了解那个时期普通民众生活的重要证物。

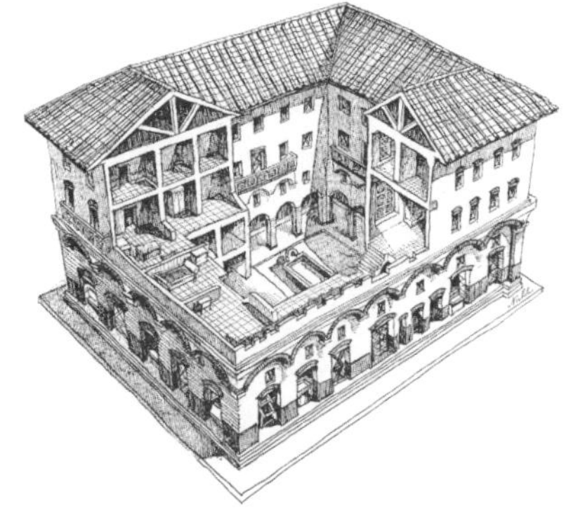
罗马时代『岛』式住宅示意图

从历史记载和奥斯蒂亚的遗物来看，由于人口众多、土地紧缺，当时罗马的普通民众主要居住在一种被形象地称作“岛”（Insula）的多层公寓中。这种公寓大多三至五层，其中一层一般用作商店，二层以上为住家。

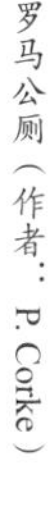

罗马公厕（作者：P. Corke）

公寓中一般都不设私人厕所，而是在外面单独建造公共厕所。罗马的公共厕所一般都配有大理石座坑，座坑周围可能还装饰着神和英雄的雕像，地面有流动的清洁用水。

罗马街景（作者：E. Marini）

因为罗马城内的街道都很狭窄，所以有法律规定，白天不允许车辆在街上行驶，只有在夜晚才能够上路。这样一来，罗马街头夜晚的生活应该是很不平静的。整晚不停的车辆行驶声，对于住在路边的民众来说，是一件很需要适应的事情。

6-13 巴斯

克劳狄乌斯时代，公元43年，罗马军团再次入侵不列颠岛，把今天被称为英格兰的这块地方纳入到罗马帝国的文明圈中，实现了一个世纪以前恺撒的夙愿。

巴斯的罗马浴场遗迹

位于英格兰西部的美丽小城巴斯（Bath），它的名字出自于公元65年在城中修建的一座罗马浴场。这座浴场的浴池至今仍然很好地保存着，吸引着来自世界各地的无数游客。

6-14 尼禄

克劳狄乌斯的家庭生活并不美满。他一共结了四次婚。在与前两位妻子离婚后，第三次婚姻的对象是他的外甥女梅莎里娜（Messalina），结果因为与他人私通被处死。最后他娶了卡利古拉的妹妹，也是他的侄女小阿格里皮娜（Agrippina the Younger）。

尼禄与其母亲小阿格里皮娜

小阿格里皮娜是一个野心勃勃的女人，一心想要让她自己前次婚姻所生的孩子尼禄（Nero）登上皇位。在她看来，尼禄的母

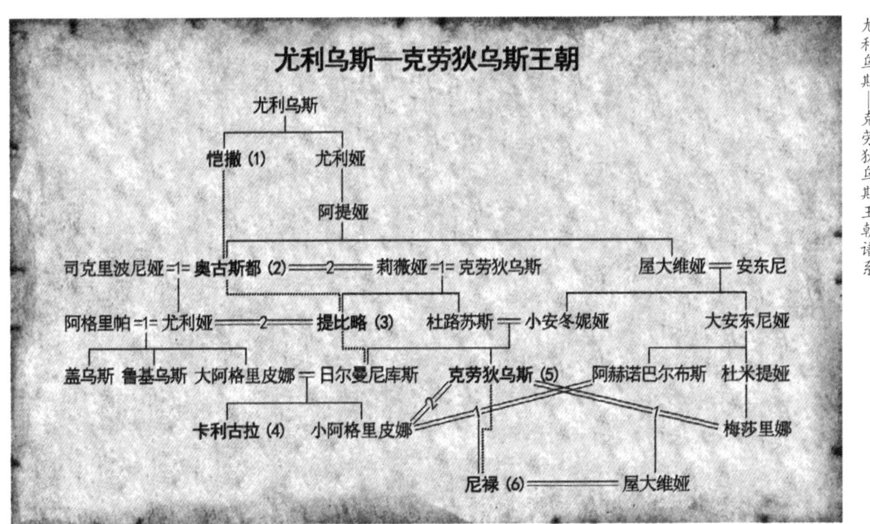

系血统可以追溯到奥古斯都，而父系血统可以追溯到奥古斯都的姐姐，因此是继承恺撒—奥古斯都皇统的不二人选。在如愿成为皇后之后，小阿格里皮娜要求克劳狄乌斯将尼禄收为养子，使之成为法定继承人。然后，按照大多数历史学家的观点，她毒死丈夫，扶持年仅17岁的尼禄（54—68年在位）登上皇位。不过她并不满足于此，还要更进一步实际操控政权。于是母子反目，最终被儿子杀死。尊贵的尤利乌斯和克劳狄乌斯两大家族传到这个份上，也差不多到头了。

6-15 罗马的尼禄金宫

公元64年7月18日夜里，罗马城中一家店铺不慎失火。火借风势，一连烧了9天。全城14个行政区中的3个区被完全烧毁，

尼禄观看罗马大火（作者：A. Mucha）

7个区严重毁坏，众多庙宇、殿堂和民宅都化为灰烬。一些心怀不满的人开始在罗马散布谣言，说是热爱希腊戏剧的皇帝尼禄为一睹荷马史诗中所描写的特洛伊城的毁灭，亲手点燃大火，然后在帕拉丁山上扶琴高歌。[25] 但是实际上，皇家居住的帕拉丁山是这次火灾的重灾区，先前几位罗马皇帝位于帕拉丁山的宫殿都在大火中被毁。可是谣言还是借着火势迅速流传开来。

为了平息谣言，尼禄将纵火罪名强加给当时正在兴起的基督徒。大体上，一神教都是不容易与他人妥协的，那个时代的基督教就非常典型。基督徒平日里非常瞧不起罗马人的多神教，而且，一心一意期待末日审判和天国永生的基督徒从内心里敌视这个人间帝国。他们尽管从来没有通过暴动或者恐怖活动来试图推翻罗马政权，但却以逃避出任公职和拒绝服兵役来消极反抗。偏偏罗马皇帝在多数时候对这种因为宗教信仰不同而形成的文化差异又很宽容，甚至是纵容。所以那些

圣彼得被钉十字架（作者：Caravaggio）

需要承担公职和公共服务的普通罗马人就与可以不受惩罚便可逃避这一切的基督徒之间总是有着很深的怨恨。尼禄借此机会嫁祸于基督徒，希望以此讨好罗马民众，于是掀起了对基督教的第一次迫害。传说耶稣十二使徒之首彼得和基督教在欧洲的最早传播者保罗（St. Paulo，许多人认为他是基督教作为一种宗教组织的真正创始人）就是在这时遇害的。尼禄也因此成为日后西方基督教口中罗马帝国历史上最臭名昭著的暴君之一。

圣保罗被砍头（作者：E. Simonet）

大火过后，尼禄着手重建罗马。他制订了一系列建筑消防法规以改善老城的消防条件。与此同时，他也开始在被火烧毁的城市废墟上建造一座新的皇家官邸——以其奢华的装饰而被人称为“金宫”（Domus Aurea）。

尼禄金宫复原图（作者：NGM STAFF）

按照尼禄的构思——大概是从西亚那些专制帝王特大型豪华宫殿那里汲取的灵感，这座宫殿背靠小山，大抵呈东西向展开，全长约260米，蔚为壮观。宫殿前面是大面积的公园。罗马人此前从未有过这样宽敞的城市绿地。在宫殿边上靠近罗马广场的方向，尼禄还把原来的沼泽地改建成了一座开放给市民游览的、有柱廊环绕的人工湖，边上还建了一座中间立着尼禄像的广场。

金宫大客厅复原图（作者：G. Chedanne）

宫殿内部装饰极尽奢华，到处都镶嵌着黄金、宝石和珍珠。数以百计的希腊雕像——包括最著名的《拉奥孔》——以及浮雕、绘画等古代艺术精品点缀在其间。其中一间大客厅的天花板上镶嵌了一层象牙花，据说只要皇帝颔首示意，象牙花上便会喷出香水，洒落在客人的身上。而另一座八角形的宴会厅里装有一个球面的象牙天花板，上面绘着代表天空和星星的色彩，利用隐藏的装置，可以使它不停地慢慢转动。

金宫八角宴会厅遗迹

当它最终落成的时候，尼禄非常高兴：“我终于开始像人一样地生活了。”[26]

但是尼禄能够活着的时间已

经不多了。这座宫殿的建成使许多人更加相信那场大火就是尼禄故意放的，好腾出地方来盖他的宫殿。而且罗马人也非常不喜欢在城市中心建设这么大片的草坪绿地，他们更愿意在虽然拥挤但却热闹的广场上活动。公元 68 年，内乱爆发。罗马元老院撤销对尼禄的支持，罢黜他的皇位，宣布他为罗马公敌。众叛亲离的尼禄被迫自杀。在内战中夺权的韦斯巴芗皇帝将这座宫殿废弃，把人工湖湖水抽干，然后在上面修建大角斗场，以象征将被暴政夺去的东西还给人民。再后来，图拉真皇帝又把浴场修建在金宫的废墟之上。金宫的大部分都被拆毁或填入地基中，如今只有局部遗存，其中就包括那座曾经悬挂着会转动的象牙天花板的八角形宴会厅。

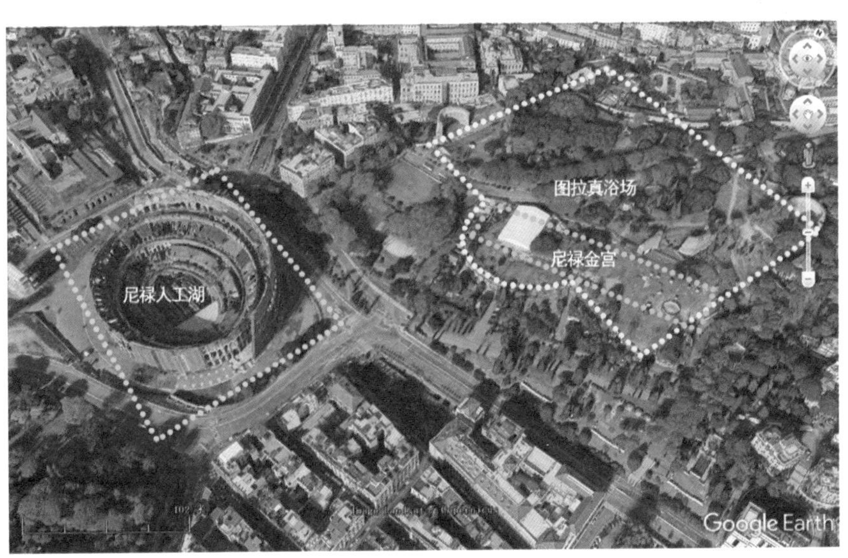

绿色线为尼禄金宫遗址

第七章 弗拉维亚王朝

“在世界上发生的诸多灾难中，还从未有过任何灾难，像此次灾难一样，给后人带来如此巨大的愉悦。”

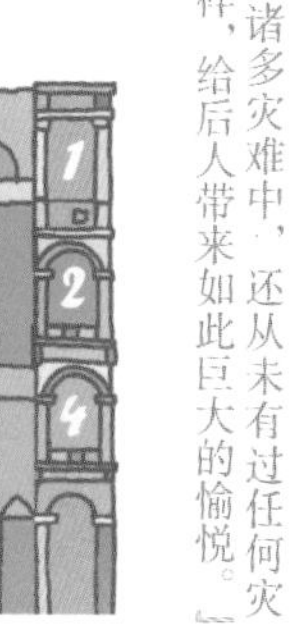

7-1 弗拉维亚王朝的建立

上排金币为韦斯巴芗，下排银币为提图斯和图密善

在尼禄被元老院罢黜并自杀之后的一年间，先后有四位手握兵权的军队统帅被推选为罗马皇帝。笑到最后的是掌握帝国东方兵团的韦斯巴芗将军（Vespasian，69—79年在位）。他与他的两个儿子提图斯

（Titus）和图密善（Domitian）建立了罗马帝国的第二个王朝——弗拉维亚王朝（Flavian dynasty）。

7-2 罗马的韦斯巴芗和平广场和图密善 / 涅尔瓦广场

公元 70 年，韦斯巴芗进入罗马。他宣布内乱结束，和平时代再次降临。为表达这样一种美好的愿望，他立即着手在奥古斯都广场的边上修建一座四四方方的新广场。不过他并没有按照惯例以自己的名字命名，而是以坐落在广场东端主轴线上的和平神庙来为之命名——和平广场（Temple of Peace）。

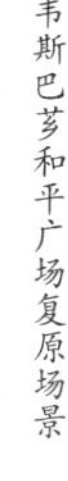
韦斯巴芗和平广场复原场景

在这座广场东南角一个房间的墙壁上，100 多年后，罗马人曾经制作了一幅 18 米宽、13 米高的大理石材质的罗马地图，以上南下北的方向详细地刻画出了罗马城各个街区、各条街道、各座建筑的形状和位置。可惜这幅

韦斯巴芗和平广场地图室（引自：fori-imperiali.info）

地图在中世纪的时候被毁坏，今天只剩下很少的一些残片被保存下来，其中包括那座有名的庞培剧场。

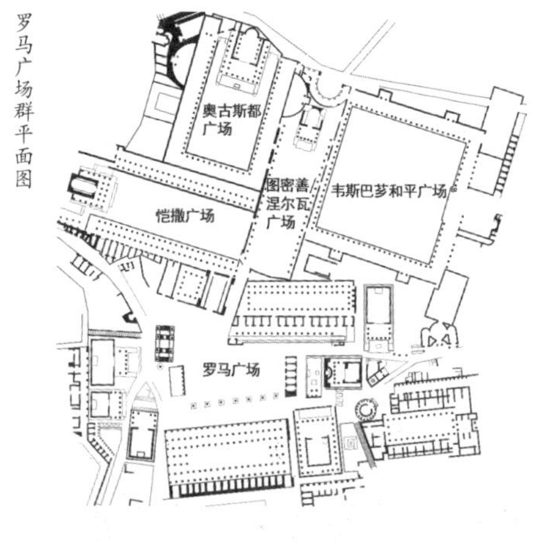

罗马广场群平面图

韦斯巴芗的第二个儿子图密善在位的时候，在和平神庙与奥古斯都广场之间又修建了一座长条形的新广场将它们联系起来。图密善去世后，这座广场被以继任皇帝涅尔瓦的名字重新命名为涅尔瓦广场（Forum of Nerva）。

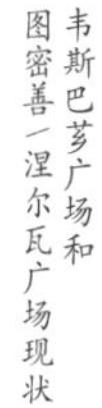

韦斯巴芗广场和图密善—涅尔瓦广场现状

这两座广场后来也遭到很大的破坏。尤其是在20世纪初，墨索里尼为了检阅部队而修建了一条宽敞的帝国大道，野蛮地从这个地方穿过，以至于我们今天已经很难在现场看出这两座广场曾经的形状了。

7-3
罗马的大角斗场

公元 72 年，韦斯巴芗把尼禄人工湖的湖水排干，开始修建以他的家族来命名的弗拉维亚圆形剧场（Flavian Amphitheater）。意大利语是 Colossem，意思就是巨大。虽然这座建筑足够配得上这个称呼，不过人们最早这么叫的本意倒不是用来形容它，而是用来描述曾经在它旁边耸立的一尊高达 36 米的尼禄皇帝巨型铜像。这座铜像原本是耸立在尼禄人工湖旁的广场上的，尼禄倒台后这尊铜像曾被改造成太阳神像，直到中世纪才被移走并熔化，就只留下了这个地名。

这座气势恢宏闻名天下的大角斗场平面呈标准的椭圆形，长短

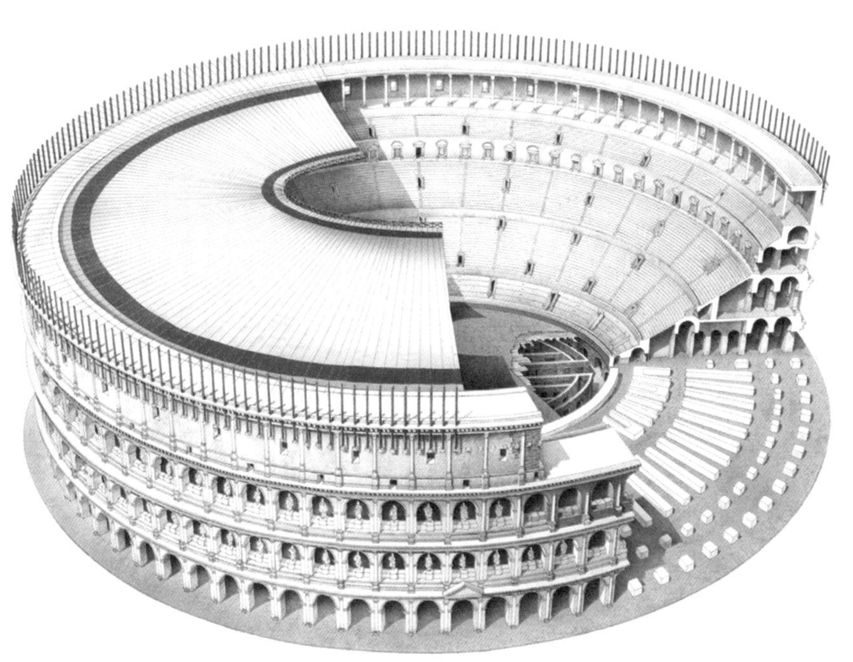

大角斗场（作者：A. R. di Gaudesi）

轴直径分别为 187 米和 156 米。它的观众席有 60 排座位，分为五个区，一共可以容纳八万名观众。最靠近表演池的是贵宾席，供皇帝、执政官、祭司、元老院议员和高级官员入座。皇帝常常担任角斗活动的主持人，以取悦民众。中间两区是骑士等地位较高的公民席，他们与贵宾一样享受大理石座位。再往上是木制的平民席位。最顶层的柱廊则是提供给穷人和奴隶等社会底层人士使用。在柱廊上方的房檐上还插有 240 根木棍，用来悬挂为观众席遮阳挡雨用的帆布顶棚。表演池也是椭圆形的，长短轴直径分别为 86 米和 54 米。表演池比贵宾席要低 5 米多，周围用铁栅栏围住，以保证观众安全。表演池的下方设有地下室，用来关野兽。据说在刚建成的一段时间里，表演池偶尔也会被放满水，以表演海上战斗的场面。

大角斗场的外立面高 48.5 米，分为四层，下面三层各有 80 个拱形开间，都是采用与马塞卢斯剧场立面类似的券柱式构图，用柱子来装饰拱门。从下至上各层依次采用塔司干式、爱奥尼克式和科林斯式半圆柱。第四层是实墙，装饰有科林斯式平壁柱。

大角斗场落成之后，连续的角斗表演据说持续了四个月，有 9000 头野兽被屠杀。当然也少不了人与人的搏杀。这样的表演一直持续到公元 523 年。

大角斗场立面复原图（作者：L. Duquet）

大角斗场在罗马人心中具有特别意义，是罗马帝国辉煌荣耀的具体写照，与帝国命运休戚相关。罗马人有一句谚语：“大角斗场在，罗马就在；大角斗场倒塌，罗马就会灭亡。”事实也是这样，罗马帝国灭亡后，大角斗场厄运难逃。中世纪起，它先是遭到地震的破坏，而后又在教皇们兴建宫殿和大教堂的时候成为地地道道的采石场，表面装饰的石材都被拆卸下来。不止一次有人建议将其改作其他用途，比如纺织工厂或者教堂，甚至建议将破损比较严重的那一半拆掉，使之成为一座城市广场。

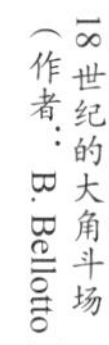
18世纪的大角斗场（作者：B. Bellotto）

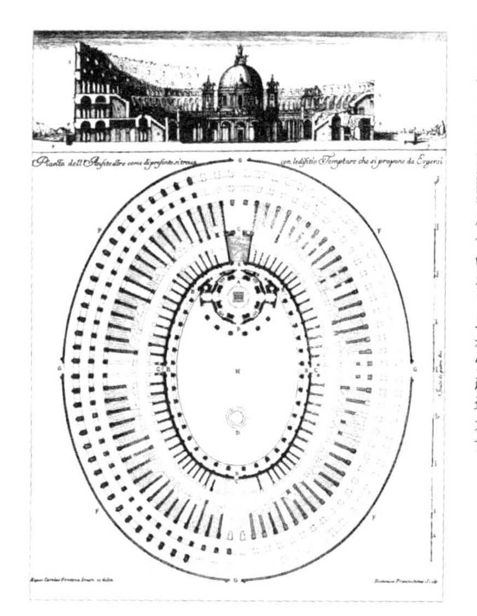
1707年由C. Fontana所作的集中式教堂改造方案

1749年，教皇本尼狄克十四世（Pope Benedict XIV，1740—1758年在位）以纪念罗马帝国时期曾在此地殉难的基督徒为理由，宣布大角斗场为圣地。在基督教发展初期，因为基督徒拒绝与罗马社会普遍的多神教信仰相妥协，时常引发冲突。在这个过程中，有一些基督徒被迫害致死。不过根据学者们的一般观点，像这种将基督徒投入角

教皇宣布大角斗场为圣地（作者：C. W.Eckersberg）

大角斗场现状

斗场让猛兽活活咬死的事情极为罕见，因为罗马终究是一个多神教社会，并不特别在乎你信仰什么神。确实罗马人有时候会把罪犯放在角斗场里当众处死，不过一般都是针对那些为非作歹的土匪海盗。但不管怎样，这座大角斗场终于因为这个理由得以保全残体。

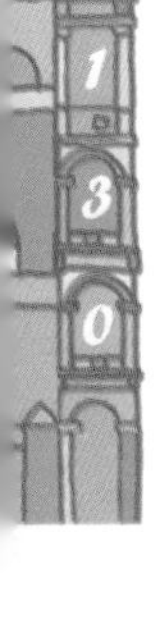

7-4 韦斯巴芗

由于罗马公民权的拥有者都不需要缴纳直接税，所以国家为维持庞大的军备和日常开支难免会不时出现捉襟见肘的情况。为了部分解决这个问题，韦斯巴芗设立了一种“小便税”。收税的对象不是需要上厕所的公民，而是那些收集公共厕所尿液用来对羊毛去脂的纺织业者。据说他的儿子提图斯曾经对此提出抗议，认为父亲做得太过分了。韦斯巴芗拿起一把银币放在儿子的鼻子前，问他：“你觉得这钱

韦斯巴芗：『金钱不臭』（作者：C. Fiore 和 K. Happel）

有臊味吗？”这段传说深入人心，“金钱不臭”（Pecunia non olet）这句话从此便成为西方家喻户晓的至理格言。今天在意大利语和法语中，小便器还被称为“韦斯巴芗”。

公元 79 年 6 月，韦斯巴芗得了重病。临终前，他挣扎着站直身体说道:“皇帝应当站着死。”说完就死在了搀扶者的怀里。[27]

7-5 庞贝和赫库兰尼姆

新皇帝提图斯（79—81 年在位）刚刚上任两个月，公元 79 年 8 月 24 日，位于那不勒斯附近的维苏威火山猛烈爆发。滚烫的火山灰、碎石和岩浆将火山脚下大约有 2 万人居住的庞贝（Pompeii）和 5000 人居住的赫库兰尼姆（Herculaneum）以及另外几座城镇完全吞没。日后成为罗马执政官和著名散文家的小普林尼（Pliny the Younger，61—

那不勒斯湾和维苏威火山

老普林尼以身殉职（作者：Valenciennes）

113）当时正好陪同母亲来米赛诺军港探望他的舅舅老普林尼。他目睹并记述了火山爆发的壮观场面以及它所造成的巨大灾难。罗马最伟大的科学家老普林尼当时身兼海军司令，他亲率战舰前往灾区救援，不幸以身殉职。

庞贝这座已经有1000年历史的古老城市被深埋在至少4米深的火山灰和碎石之下，而赫库兰尼姆则被20米厚的火山熔岩覆盖。两座城市从此不见天日，并随着岁月的流逝，渐渐被人淡忘。直到1738年，一位奥地利王子在修建别墅时意外发现了赫库兰尼姆遗址。不久之后，1748年，庞贝的位置也终于得以确认。从那时起，对这两座城市的挖掘工作得以有序展开。尽管直到今天，赫库兰尼姆和庞贝都还有相当一部分城区仍然掩埋在厚厚的火山灰和熔岩之下，但已经经过考古学家仔细清理出来的部分，就足以向我们展示将近2000年前罗马人生活的许多生动画面，其意义是不言而喻的。

赫库兰尼姆遗址

1910年的庞贝挖掘现场照片，背景是尚未清理的部分

庞贝城的平面呈不规则的多边形，城市的四周由高约10多米的城墙环绕，其间一共开有八座城门。城市中整齐地划分成若干个街区，其中除了少数60米见方的正方形街区外，多数为33米 ×100米的长方形街区。这是罗马城市网格规划的另一种常见模式。后来的美国纽约就是按照这种1：3的长方形比例来划分城市网格的。

1912年出版的《庞贝古城复原地图》

作为城市的核心，广场位于靠近港口的西南角。在这里，围绕长150米、宽45米的矩形广场，分布着多座神庙、巴西利卡、市政厅、纺织同业公会集会所和市场等。广场四周都由柱廊环绕。

庞贝广场遗迹

同罗马城或任何一座罗马城市一样，庞贝城中也有众多的公共娱乐建筑。城中有三座较大型的浴场，还有一座浴场在火山爆发的时候正在建造。两座剧场都位于城南，其中较大的一座可以容纳一万名观众；另一座稍小一些的是室内剧场，由木构屋顶露盖，可以容纳大约1200名观众。

庞贝剧场遗迹，左侧为角斗士训练学校

剧场的边上还有一座角斗士训练学校。罗马角斗比赛的角斗士，在早期的时候，有很多是在对外扩张战争中被抓获的奴隶。但是进入了帝国时代之后，罗马人已经很少再对外作战了。在这种情况下，角斗士通常是由自由人来担任，就像今天的拳击手一样，通过比赛可以赚到很多钱。这所学校就是专门来培训角斗士的。位于城市东南角的角斗场大约建于公元前 80 年，是保存至今最古老的同类建筑，长短轴直径分别为 135 米和 104 米，可以容纳大约两万名观众，这几乎就是庞贝的全部人口了。

庞贝角斗场遗迹

除了这些标准的公共建筑配置之外，庞贝和赫库兰尼姆还保留有从高级住宅、别墅到普通住屋的大量实物，为后人了解和研究罗马人，特别是较为富裕的罗马人的家居生活，提供了极为鲜活的资料。

赫库兰尼姆街道

罗马时代富有人家的府邸都是以庭院为中心布局的。庭院的数量依府邸的规模不等，通常会

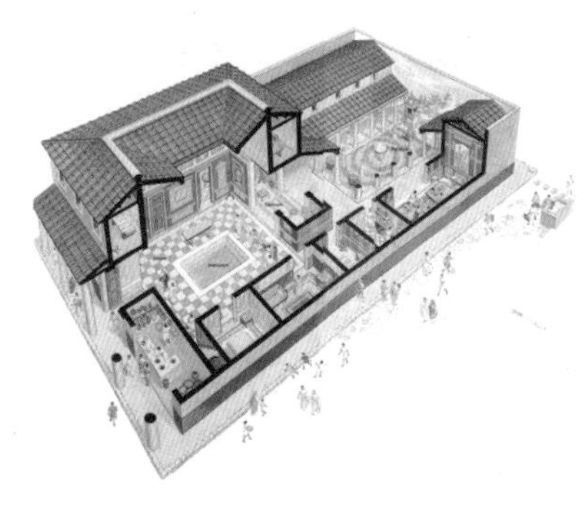

庞贝住宅复原图（作者：D. Wood）

包括一个前庭和一个后院。前庭是居住区域，周围都是房间。庭院中央一般设有集水池，用以接蓄从天井落下的雨水。后院一般用作私家花园。

庞贝住宅

住宅房间的墙壁大都用色彩鲜艳的壁画进行装饰。罗马人非常热爱绘画，在他们看来，绘画能神奇地将大自然的美妙景象复制在任何地方。有时候因为布局的原因，卧室可能会没有窗子，然而通过绘画却可以使墙壁“消失”，仿佛置身于“真实的”自然环境中。

庞贝住宅居室内景

很多富有的罗马人喜欢半卧躺着就餐。夏天则将躺椅搬到室外庭院里，一边就餐，一边欣赏美丽的壁画，一边倾听喷泉的淙淙水声。

赫库兰尼姆的家庭露天餐室（引自：ARCHEOLIBRI）

将近2000年前发生的这场灾难毫无疑问是巨大的悲剧，但它对后人来说，却是一笔无比珍贵的财富。就像德国大诗人歌德（Goethe，1749—1832）到现场考察后所说的：“在世界上发生

庞贝遗址，远景为维苏威火山

的诸多灾难中，还从未有过任何灾难，像此次灾难一样，给后人带来如此巨大的愉悦。”

7-6 罗马的室内装饰绘画艺术

大多拜庞贝和赫库兰尼姆所赐，我们对罗马绘画艺术发展的了解要比希腊时期直观得多。

第一种庞贝壁画风格

学者们将庞贝发现的壁画风格分为四种。首先是模仿大理石效果的装饰风格。在公元前2世纪以前，只有很少的人家才能负担得起用大理石装饰房间。一般的房主为了要装饰房间，都会请来画家用灰泥做出大理石的形状，再用颜料画出大理石的纹路，以假乱真。

有了这样一个开端，画家们的想象力就开始尽情发展。公元前80年左右，所谓第二种庞贝壁画风格开始出现。画家们不仅在墙面上绘出大理石的质感，甚至在墙面上画柱子，使平坦的房间四周仿佛柱廊环绕。进一步地，画家们还在柱子间画上人物形象，仿佛有人穿梭其中，相伴房中人。

第二种庞贝壁画风格

第三种庞贝壁画风格起源于奥古斯都时代，人们开始追求壁画的装饰效果。柱子不再像真实柱子那样粗壮，而是变得非常纤细而精致。墙面看上去似乎还挂着小幅的风景或者人物肖像画，就像美术馆墙上悬挂的绘画作品一样，其实那些画框都是画上去的。这些小幅的画作体裁各异，继承了希腊自然主义风格，表现出了很高的艺术造诣。

第三种庞贝壁画风格

稍后一些，雇主们的口味又有所变化，建筑的结构感有所恢复，不过柱子还是显得过于精致而非真实。这个时期，画家们对透视技法所带来的虚幻空间效果深有体会，运用起来驾轻就熟。经过画家们的打扮，原本封闭的墙上似乎都开上了窗子，透过它可以看到远处的建筑和风景。

第四种庞贝壁画风格

7-7 罗马的提图斯凯旋门

罗马广场上的三座凯旋门

今天游客们在从大角斗场到罗马广场的路上能够看到三座凯旋门。其中位于中途的那一座建造年代最为久远，叫作提图斯凯旋门（Arch of Titus），是为了纪念平定犹太人叛乱而建造的。公元 66 年，犹太人发动反抗罗马统治的起义。当时还是罗马将军的韦斯巴芗受命指挥平叛任务，中途得知尼禄被废黜和罗马大乱，而后决定自行称帝。他把攻陷耶路撒冷的任务交给长子提图斯，自己专注于前往罗马登基前的准备工作。公元 70 年 9 月，耶路撒冷被提图斯指挥的四个罗马军团攻陷。已经成为皇帝的韦斯巴芗为提图斯举行了凯旋仪式，凯旋的队伍就从这座凯旋门下通过。

提图斯凯旋门

这是一座单券洞凯旋门，高 14.4 米、宽 13.3 米、厚约 6 米。拱门两侧的浮雕表现的是罗马军团掳掠犹太人的宝物以及凯旋的场景。在这座凯旋门上，最早采用了罗马五柱式中的组合柱式。

7-8 罗马的弗拉维亚宫

公元 81 年，提图斯不幸死于传染病。继位的是他的弟弟图密善（81—96 年在位）。

图密善即位后就开始着手在帕拉丁山修建一座可以俯瞰大赛车场的新宫殿。他以家族的名字将其命名为弗拉维亚宫（Domus Flavia），以取代那座招人嫌的尼禄金宫。

这座皇宫大体分成两个部分，即位于西侧的朝政区和位于东侧的居住区。朝政区里建有大殿和宴会厅等主要厅堂，由一个柱廊环绕的中庭加以组织。居住区又名奥古斯塔纳宫（Domus Augustana），东接一座体育场，南立面则高高耸向大圆形竞技场。

弗拉维亚宫遗迹，下方为大赛车场

右为朝政区，左为居住区（作者：D. Bruno）

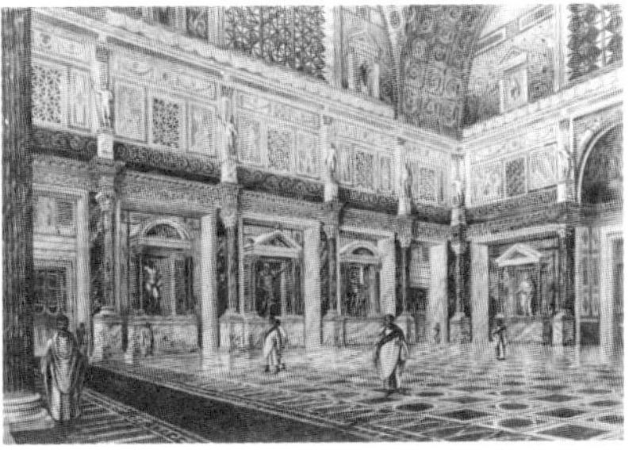

弗拉维亚宫大殿（作者：G. Gatteschi）

公元92年弗拉维亚宫落成，从此成为后世历代罗马皇帝办公和居住的官邸。

7-9 罗马的纳沃纳广场

图密善体育场复原场景

由图密善体育场演变成的纳沃纳广场

纳沃纳广场

提图斯在位的时候就打算为罗马再建一座公共体育场，这个愿望在公元86年由图密善皇帝实现。这座体育场（Stadium of Domitian）东边紧挨着尼禄时代修建的大浴场，南面靠近阿格里帕人工湖，长度大约250米，可以容纳三万名观众。

中世纪的时候，这座体育场被荒废，以后逐渐腐化变质，最后变身为城市广场，名称也改成了纳沃纳广场（Piazza Navona），是如今的罗马城中最受人们喜爱的地方。

从空中俯瞰，在我们前面介绍过的从纳沃纳广场到庞培剧场之间的这一块罗马时代被称为

纳沃纳广场邻近区域演变图，左图为古代罗马城模型，右图为当代罗马城

“战神操场”的地方，我们可以看到一种被称为“碎片化”的城市发展进程。一座座宏大的公共建筑就像一头头巨大的恐龙，躯体被泥土包裹逐渐腐烂变质，在经过了漫长的岁月之后，最终仅留下依稀可辨的骨骼化石。随着时间的流逝和历史的演变，旧的城市格局逐渐被瓦解，最后消融在城市功能变化和建筑技术进步所形成的新格局中，其所留下的蛛丝马迹却从此成为城市的文脉。这正是一座有着悠久历史的城市的生命所在，是城市的灵魂。不论世界发生怎样的变化，即使建筑本体消逝在岁月磨砺之中，但只要灵魂不灭，城市都会永续存在。这是一座城市值得永远珍惜的东西。

7-10 阿尔勒

阿尔勒

位于法国南部的阿尔勒（Arles）是一座历史悠久的城市。罗马人曾经在这座城市修建了角斗场、剧场、赛车场等众多公共建筑，还有一座壮观的浮桥。如今虽然浮桥已经不见踪影，但剧场和角斗场仍然较好地保留着。其中的角斗场建于公元90年图密善在位的时候，长轴136米、短轴109米，周围开有120道拱门，可以容纳两万名观众。

中世纪的阿尔勒角斗场

中世纪的时候，这座角斗场被废弃。当地居民把住房建到了角斗场内部，使角斗场成为一座坚固的堡垒，有效地抵御了中世纪的动荡不安。最多的时候，人们在里面建造了多达200座的房子，还有两座教堂。1830年，地方政府将这些住户搬离角斗场。从此，这里又成为斗牛士的乐园。

阿尔勒角斗场（作者：梵·高）

7-11 日耳曼长城

在罗马北方的莱茵河防线与多瑙河防线之间，由于河流走向的缘故，在今天德国的巴登—符腾堡州，形成一个深深指向罗马帝国境内的突出部。这个突出部的存在，不仅会阻碍东西两个方向莱茵河军团与多瑙河军团之间的应急调动，而且潜伏在这一带密布森林中的日耳曼人，一旦从突出部出击，突破边界后只消很短的时间，就可以利用罗马帝国境内便捷的公路网翻越阿尔卑斯山侵入意大利本土。自从奥古斯都和提比略放弃易北河防御计划的时候起，这一威胁就日益显现在罗马人的面前。

图密善决心改变这种状况。公元 83 年，他派出罗马军团从东西两面越过多瑙河和莱茵河，在森林中开拓道路、部署据点，修建了一条从今天德国科布伦茨到雷根斯堡的新防线（Limes Germanicus），

罗马帝国（公元 83 年）

日耳曼防线上的碉堡遗迹

彻底消除了这个颇具威胁的突出部。这条全长 542 公里的新防线，全线都采用壕沟、防御墙和栅栏的形式构筑，每隔 400 米左右就修建一座碉堡。其中有一段长约 80 公里的防线，无视地形变化而呈现出笔直的形态，体现出罗马人的工程测绘能力以及对几何的迷恋。不过，与在莱茵河、多瑙河这样的大河防线上军团直接驻扎前沿不同，在日耳曼防线，军团驻扎地是靠后设置的，防线沿线碉堡只是用来驻扎哨兵，然后通过防线内侧与各军团基地和据点相通的密集道路网时刻保持联络。

这条“日耳曼防线”是罗马军事史上的一件杰作。在之后的 200 年时间里，它有力地阻挡了野蛮人对文明世界的骚扰。

第四部

极盛时代

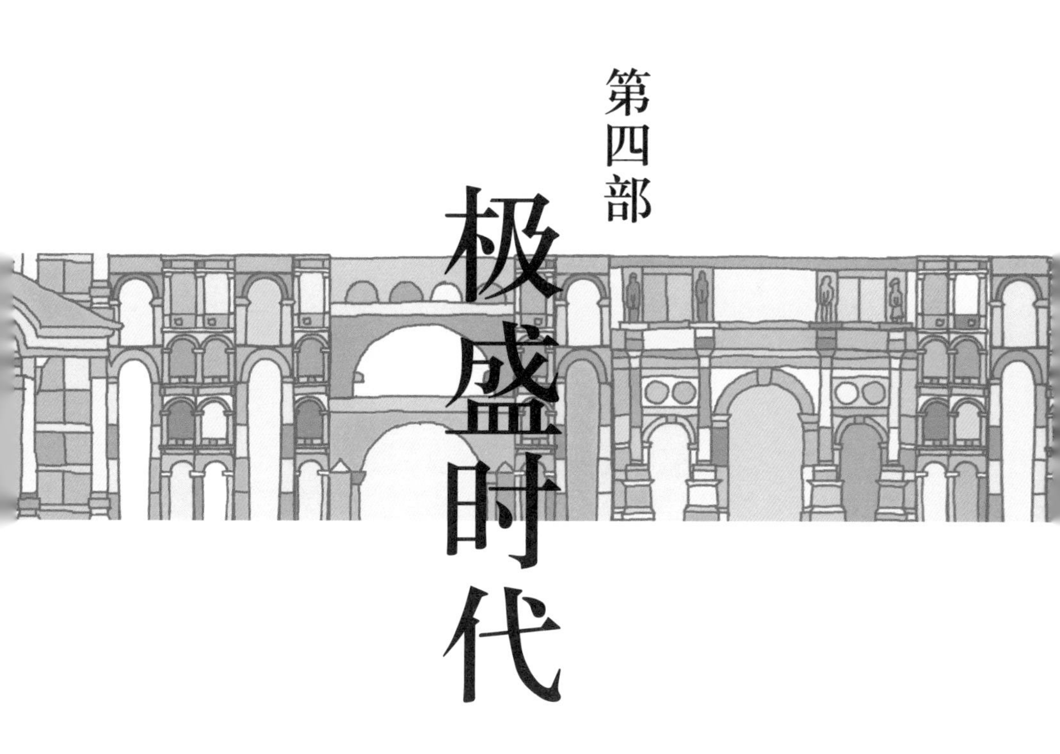

第八章 图拉真时代

“要是能再年轻一些，我就要去印度了。”

8-1 涅尔瓦

公元 96 年，45 岁的图密善被因家庭琐事争吵而心怀怨恨的妻子指使奴隶刺杀。他生前没有留下子嗣，也没有来得及指定接班人。由于事发突然，甚至都没有人出来争权夺位。就这样，一个多世纪以来，罗马元老院第一次真正获得了推选国家领导人的机会。他们选举了一位已经 66 岁的和蔼可亲的元老涅尔瓦（Nerva，96—98 年在位）出任帝国皇帝。

涅尔瓦在位的时候差一点就发生了一件对万里之外的中国意义深远的事情。当时中国正值东汉王朝，投笔从戎的班超（32—102）带领 36 名属下闯入虎穴，以夷制夷，一举收复了自西汉灭亡以来已经脱离中国控制数十年的西域全境。从往来丝绸之路的商人那里，

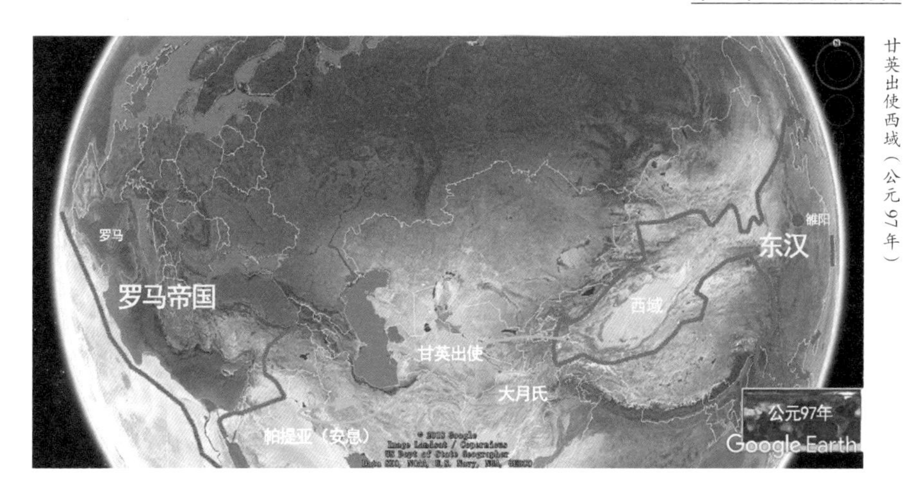

班超对罗马帝国——中国称之为大秦——有所耳闻，希望予以接触。他于公元97年派遣部将甘英出使罗马。当时的中亚地区，早在波斯帝国期间就已修建有通达的道路。西亚与罗马之间更是畅通无阻，商人往来不绝。本来这趟旅途应该能够顺利完成，可惜甘英有辱使命，或是畏惧辛苦，或是根本就对异国文明毫无兴趣，总之半途而废了。

这是一件令人扼腕叹息的事情。倘使甘英能够恪尽职守如约到达罗马，他一定能够亲眼见到罗马大角斗场，见到罗马广场建筑群，见到那些流淌不息的输水道，见到沿途无数繁华的城市；他一定能够亲眼见到罗马帝国的普通百姓可以在国家建造的大型剧场里看戏，在大型赛车场里看赛车，在大型体育场里看奥运会，在大型浴场里洗澡；他一定能够亲眼见到遥远西方一种与中国全然不同而强盛的文明类型。如果是这样的话，他一定会传回一个报告。这个报告一定会载入史册，为后代中国的帝王学者们所阅读。如果是这样的话，1700年后，自称是博古通今的乾隆大帝（1736—1796年在位）一定也会阅读到这份史料。如果是这样的话，当他在1793年接见英国政府派遣来华要求建立外交关系、实现两国正常通商的大使马嘎尔尼勋爵(Lord Macartney)的时候，是不是还会那么不屑地拒绝？是不是还会那么自信满满地宣称中国比蛮夷什么都好、什么都有、什么都不缺？

可惜历史不容假设。由于甘英的一念之差，中国失去了直接了解西方文明的大好机会。中国与西方之间的直接交往就此向后推延了整整 1700 年，直到我们从泱泱大国变成井底之蛙，任人宰割，经历了百年不幸。

涅尔瓦皇帝执政时间很短，只有两年。他的最大功绩要算是为罗马帝国开创了一种新型的选贤收养继承制。从他开始的接连五任皇帝，每一位都与后任没有血亲关系，都是因为前任刚好没有儿子可以接班而看中年轻一代后任的才干，将其收为养子并使之继承皇位，史称“五贤帝”。五贤帝时代，从第一位涅尔瓦即位的公元

涅尔瓦（96—98年在位）
图拉真（98—117年在位）
哈德良（117—138年在位）
安东尼（138—161年在位）
奥勒留（161—180年在位）

96 年开始到第五位奥勒留去世的公元 180 年，这 84 年是罗马帝国最繁盛的时代。

8-2 达契亚战争与多瑙河大桥

被涅尔瓦选中的继承人是图拉真（Trajan，98—117 年在位）。图拉真皇帝对内是一位贤明公正、精力充沛、能干有为的行政首长，被当时的人们赞誉为“最好的元首”；对外方面，图拉真致力于采取积极进取、先发制人的国防政策。

早在图密善在位的时候，位于今天罗马尼亚一带的达契亚人（Dacia）就曾经越过多瑙河侵入罗马帝国境内。图拉真决心彻底消除来自这个方向的威胁。公元 101 年，他集结了 11 个军团大约

达契亚战争（公元 101—106 年）

15 万人的兵力——这是迄今为止罗马人在一次战役中所动员的最大力量，跨过多瑙河对达契亚人发起进攻。战争持续了五年。

图拉真纪功柱上所表现的罗马军队通过多瑙河浮桥的情景

第一次跨越多瑙河的时候，罗马人是通过架设浮桥走过去的。

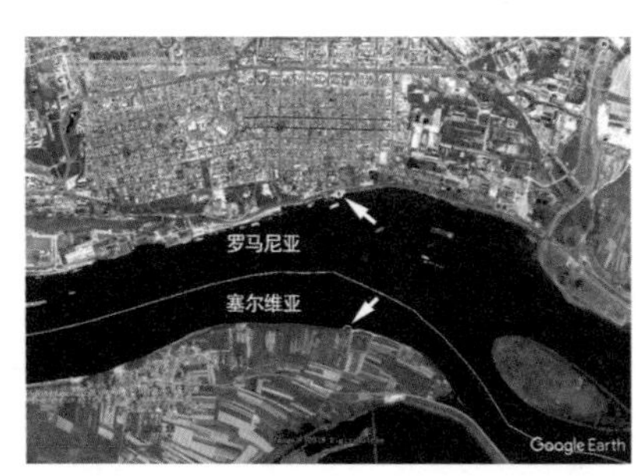

箭头所指为图拉真多瑙河大桥桥墩遗迹

为了更便利地打击敌人，公元 103~105 年，亦兵亦工的罗马军人在多瑙河流经喀尔巴阡山所形成的铁门峡谷出口不远的地方，就在今天罗马尼亚与塞尔维亚的界河上，在杰出的建筑工程师阿波罗多努斯（Apollodorus of Damascus）的指导下，建造了一座长度超过1000米的常规大桥。

罗马军团建造多瑙河大桥（作者：R. Oltean）

大桥在水中一共建有 20 座混凝土桥墩，桥墩间的最大跨度有 33 米，用木拱结构支撑桥面。桥面宽度 12 米，完全是按照罗马大道的标准宽度设计的，在中央双向行车的同时，两侧还留有宽敞的步行道。桥面距离水面的高度约为 27 米，桥下可供船只正常通行。这是罗马人建造过的

图拉真多瑙河大桥桥墩遗迹

最长的大桥。在那个遥远的年代，要在大江大河中间建造桥墩和大桥，其难度是不言自知的，实实在在是罗马工程技术的杰出代表。

公元 106 年，罗马军队从这里威风凛凛地第二次跨过多瑙河。达契亚国王战败自杀，达契亚全境被并入罗马疆域。不肯臣服的达契亚人被驱离，而一些原本生活在周边的愿意臣服的民族则被允许迁入。大换血之后，罗马人开始在该地普及罗马的语言文化。这个地方从此以后就变成了拉丁语系的罗马尼亚。千百年后的今天，罗马尼亚的四周几乎都是斯拉夫语系民族，仅有他们是拉丁语系。这就是那一次图拉真征服的结果。

8-3 罗马的图拉真广场

公元 107 年，图拉真在罗马举行盛大的凯旋式。他命人将达契亚战争全过程用浮雕的形式表现在新建的图拉真广场（Forum of Trajan）的纪功柱上。

图拉真广场复原场景，左侧小院中可见纪功柱

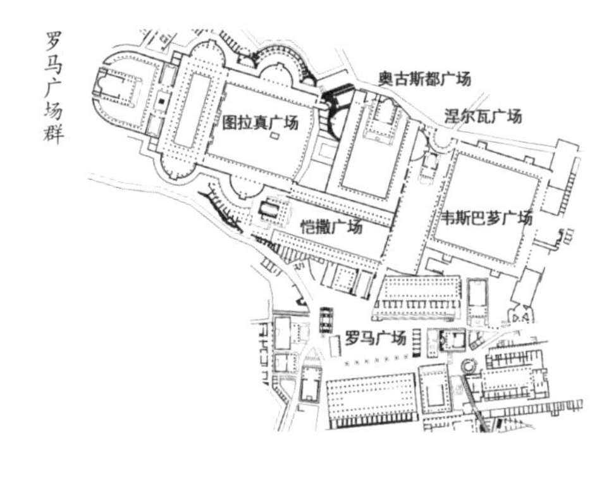

罗马广场群

这座图拉真广场也是由阿波罗多努斯设计，紧靠着奥古斯都广场，但主轴线较奥古斯都广场旋转 90°，与恺撒广场平行。它的规模极为宏大，是一个严格按照轴线对称、多层纵深布局的庞大建筑群。从入口到广场尽端的神圣图拉真神庙，总进深将近 300 米。

广场的正门朝向奥古斯都广场，内侧做成凯旋门的造型，用以庆祝达契亚之战的胜利。凯旋门后是一座 120 米 ×90 米的大广场。广场中央立着图拉真的镀金青铜骑马像，两侧是宽阔的柱廊。广场西侧是罗马帝国最大的巴西利卡，长 170 米、宽 60 米，内有四列柱子，中央一跨达到 25 米。

图拉真广场的巴西利卡（作者：J. Packer）

巴西利卡的后面是一个小院子。院子两侧是图书馆，分别存放有用帝国两大语言拉丁语和希腊语写就的书籍。小院子的中央立着那根用白色大理石做成的著名柱子——达契亚战争胜利纪功柱（Column of Trajan）。

图拉真纪功柱复原图（作者：R. Oltean）

这根罗马帝国最著名的柱子本身高 29.77 米，连同基座和顶端雕像总高达 42.3 米。柱子顶端原是图拉真皇帝立像，后来到 1587 年时被换成耶稣十二使徒之首圣彼得像。柱身由 29 块圆柱形巨石上下相叠而成，底径 3.7 米，内部挖空，有 185 级楼梯可通达柱顶。柱身自下而上用螺旋式浮雕方式，翔实描绘了长达五年的达契亚战争的每一个场景。浮雕全幅长 244 米，含有 2600 个人物雕像，是罗马雕刻艺术最完美的纪念物。

图拉真纪功柱（作者：F. Baptista）

与希腊时代相比，罗马人在雕刻题材的选择上有很大的不同。希腊人即使在纪念历史性事件的时候也几乎不用当代人物作为表现对象，而是会从神话故事中攫取相似的题材，用较为含蓄的方式来加以表达。但是这种传统并没有被罗马人所继承。罗马人更愿意以一种东方化方式来直接表现帝王和帝王统治。

这座图拉真广场的建成标志着罗马帝国广场群建设达到顶

峰。两个多世纪以后，当已移都君士坦丁堡的皇帝君士坦提乌斯二世（Constantius II，337—361 年在位）驾临图拉真广场参观时，走在他身边的历史学家马赛兰（Marcellin）描述道："皇帝愣住了。他环视四周，巨大的建筑难以用言语形容，并且无物足以匹敌。因此，他放弃了仿造这座广场的念头，而仅仅说，仿造耸立在庭院当中国王本人骑着的那匹马，倒是可能的。"有人问一位一起来访的东方贵族对罗马有何感想，他回答说："只有一样东西令他高兴：他知道那里的人也是要死的。"[28]

在罗马帝国灭亡后的漫长岁月里，像其他广场一样，这座广场也遭到毁灭性的破坏，只有埋葬了图拉真骨灰的纪功柱作为吸引游客的景点被保存下来。

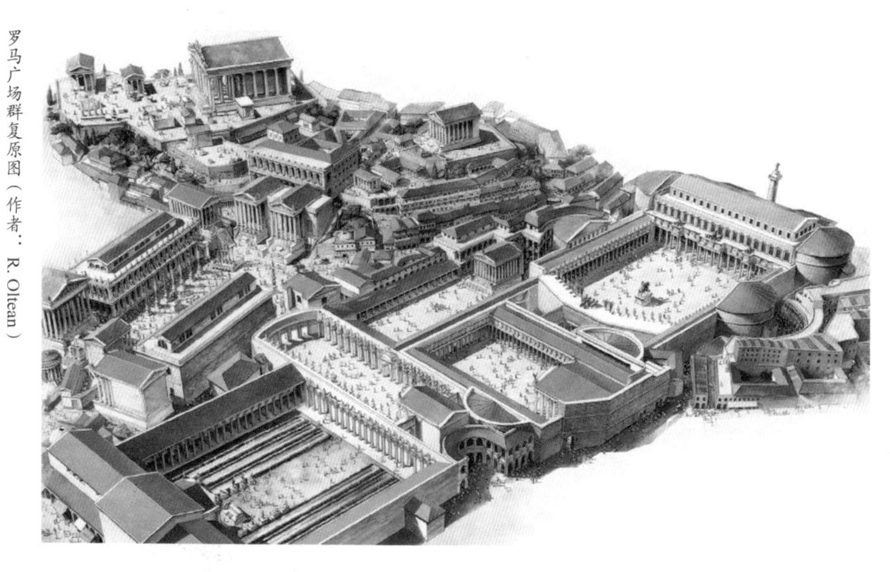

罗马广场群复原图（作者：R. Oltean）

8-4 罗马的图拉真市场

在图拉真广场北侧半圆形讲堂的外面，是一座以皇帝名字命名的环形市场（Trajan's Market）。它背靠为修建广场而削山形成的断崖——罗马七山之一的奎里纳尔山被削掉剩下的半座。那根纪功柱的高度就是当时这个位置原有山头的高度。

图拉真市场

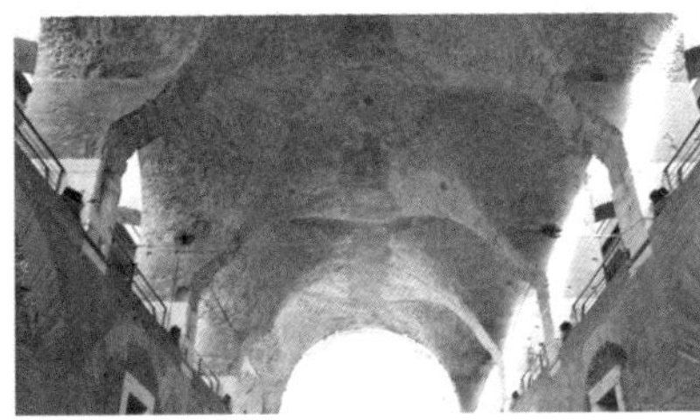
图拉真市场大厅交叉拱顶

环形市场分为两层，一共设有 150 余间大小店铺。在上面的山坡上还有一座有顶的市场大厅。这座大厅的屋顶采用混凝土交叉拱结构（cross vault）。

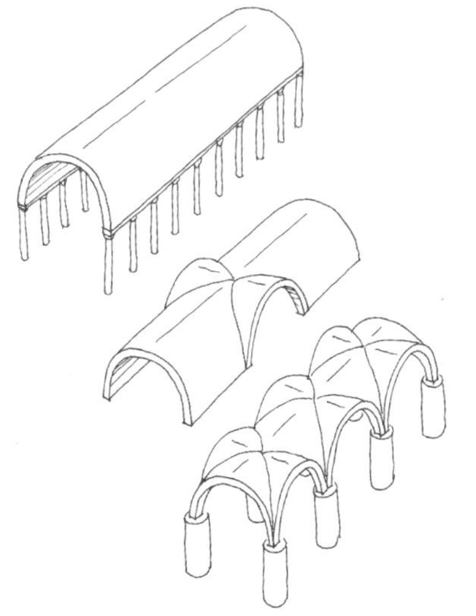
由上至下依次为：筒形拱、交叉拱和连续交叉拱

普通的筒形拱顶施工较为方便，但缺点是空间内部采光不是非常理想，尤其是在跨度比较大的情况下，拱的中间就可能会比较暗。于是罗马人将两个筒形拱垂直相交形成交叉拱，这样既能跨越较大空间，又能有效改善室内采光条件，并且使内部空间形象更加宏伟壮观。这是罗马人在

西亚人发明的拱顶结构基础上做出的一项重大改进。1000年后，这种交叉拱顶技术将会在西欧哥特大教堂上大放光芒。

8-5 卢卡

卢卡

卢卡（Lucca）是一座非常迷人的小城。该城的建城历史可以追溯到伊特鲁里亚人时代。城市西半部分今天还可以看到罗马时代的网格影子。外围一圈的菱形城墙修建于17世纪，是那个火炮时代军事工程的杰出产物。

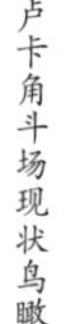

卢卡角斗场现状鸟瞰

卢卡城中有一座大约建于图拉真时代的角斗场。中世纪的时候，城市居民利用角斗场坚固的基座建造房屋。久而久之，罗马角斗场就变成了住宅环绕的城市广场，在所有现存的罗马角斗场中别具一番风味。

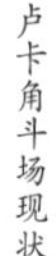

卢卡角斗场现状

8-6
赛格维亚

在西班牙小城赛格维亚（Segovia），有一座公元112年图拉真时代修建的气势非凡的水道桥横跨在小城中央。这座水道桥是向城市输水的长约17公里的输水道的最后一段，因为需要跨越山谷才能进入城中，遂建成高架桥，直到19世纪，它仍然在发挥应有的作用。它由148个拱组成，全长813米，最高处高出地面28.5米，用土黄色花岗岩干砌而成，不用灰浆，坚固异常。

赛格维亚

赛格维亚水道桥

8-7
提姆加德

位于阿尔及利亚的提姆加德（Timgad），是由图拉真皇帝在公元100年为驻守北非的唯一一支部队——罗马第三奥古斯都军团退伍老兵修建的。最初

提姆加德平面图

提姆加德遗址鸟瞰图

提姆加德街道局部

的规划是一个边长355米的正方形，用严整的路网划分成约140个22米见方的矩形街区。一条东西方向的大道贯通全城，与另一条由北向南的大道在城市中央广场上呈丁字形交汇。大道两旁都建有柱廊以遮挡北非的炎炎烈日。广场周围分布着神庙、图书馆、剧场等公共建筑。此外还有14座公共浴场分布在城中各处。广场上有一处题词："狩猎、沐浴、游戏、尽情欢笑——这就是生活。"

公元8世纪左右，提姆加德城被地震摧毁，以后被风沙埋没，直到1880年才被重新发现，因而很好地保存了原貌，有"非洲庞培"之称。

8–8 龙柏斯

提姆加德只是退伍老兵生活的城市，并非第三军团的军营。该军团的主要军营设在提姆加德城西大约 27 公里的龙柏斯（Lambaesis）。

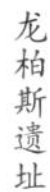

龙柏斯遗址

一座典型的罗马军营，其内部主要道路呈现丁字形。丁字的横划面对的方向是敌人的方向，横划前面是骑兵等辅助兵的住房，后面竖划两侧是军团主力步兵的住房，丁字相交的地方是军团长的大帐和演讲台。开战之前，帐篷都收起来后，军团长就在演讲台上向他的士兵发表战前演说。军营周围都建有围墙、栅栏、瞭望塔和壕沟。

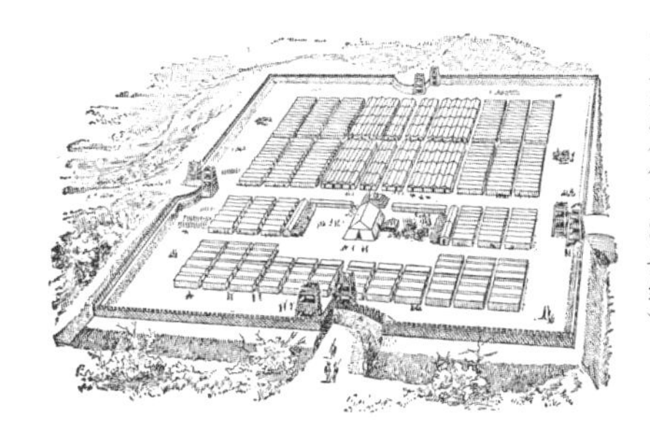

罗马军营（作于 19 世纪）

罗马军团行军打仗的时候，哪怕只住一个晚上，临时营地也都是按照类似这样的标准进行建设，大小则视人数而变。罗马军人的作战特点就是，战斗打到哪里，道路和军营就修建到哪里。每行军到一个地方，第一件事就是安营扎寨。第二天一起床，就把军营全部拆除，壕沟填平，物件装车带走，不能带走的则全部销毁。

如果是一座永久性的军营，

龙柏斯凯旋门

比如这座龙柏斯，那里面除了军人的营帐之外，还会设有为军人提供日常训练和后勤服务的角斗场、浴场等设施。在这座龙柏斯军营中，今天保留最为完好的是位于丁字路口俯瞰广场的凯旋门，大概也是兼做军团长的演讲台用。

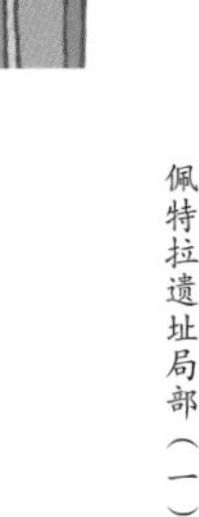

8–9 佩特拉

公元 106 年，图拉真的军队占领了东方名城约旦佩特拉（Petra）。佩特拉位于连接死海与红海之间的峡谷里，地处前往阿拉伯半岛的商路要冲。早在公元前 2 世纪，当地人就在峡谷中修建城市，几百年间发展成为西亚重要的贸易集散地。佩特拉城完全建造在峡谷之中，四面悬崖峭壁，仅有几条狭长的山谷与外界通联。建筑多向山崖求空间，在山岩里凿出整座城市。后来，随着新商路的开辟，佩特拉逐渐没落，最终被废弃。

佩特拉遗址局部（一）

佩特拉遗址局部（二）

8-10
布斯拉

叙利亚南部沙漠中的布斯拉（Bosra）是一座历史悠久的古城。图拉真占领这里后，在城中修建了一座大型剧场。将近1000年后，阿拉伯人把这座剧场变成为防御十字军的城堡，在剧场外面加了一圈的城墙和碉堡，使之成为一座最“安全”的剧场。

布斯拉剧场

8-11
帕提亚战争

从庞培时代开始，罗马帝国在东方隔着幼发拉底河与主要疆域在今天伊朗、伊拉克的帕提亚（Parthian）相邻。两国间在围绕亚美尼亚（大部分国土在今天亚美尼亚国南方的土耳其境内）的归属问题时常发生大小摩擦。这个小国地处幼发拉底河和底格里斯河的上游，战略位置

图拉真

十分重要，长期以来一直是罗马与帕提亚之间的缓冲国。公元 113 年，两国围绕亚美尼亚的争端再起。图拉真决心一劳永逸解决东方问题。他调集了 11 个军团的部队，首先占领亚美尼亚，将其变成行省并入罗马帝国。而后大军渡过底格里斯河，顺流直下占领了帕提亚首都泰西封（Ctesiphon），把两河流域变成罗马的美索不达米亚行省。

公元 116 年，图拉真抵达波斯湾。望着前面的印度洋，他对朋友们说："要是能再年轻一些，我就要去印度了。"可惜他这时的年龄已经是当年亚历山大征服波斯前往印度时候的将近三倍了。他没能再往前走一步。公元 117 年，图拉真患上重病，在返回罗马的旅途中去世，终年 64 岁。元老院将他的骨灰埋葬在图拉真纪功柱下。

第九章 哈德良时代

“走开，画你的南瓜去。”

9-1 哈德良

图拉真选定的继承人是哈德良（Hadrian，117—138 年在位）。哈德良出生在西班牙的罗马移民家庭，是图拉真的远亲。哈德良 10 岁时，他的父亲病故，当时还是罗马军团大队长的图拉真成为他的监护人。哈德良从小就是希腊文明的崇拜者，这一点可以从他刻意蓄须看出来。从他开始，希腊式的蓄须成为罗马男子的一种时尚。图拉真成为皇帝后，哈德良作为他的幕僚和主要助手，追随图拉真四处征战。但直到临去世前，图拉真才将 41 岁的哈德良收为养子，将他确

哈德良

立为帝国接班人。

哈德良即位后，大约是认为要巩固新占领的地域将会是一件费力不讨好的事情，遂决定鸣金收兵，返回罗马。帝国的东方边境又恢复到图拉真征战前的状况。

9-2 罗马的万神庙

哈德良时代最伟大的建筑遗产当属他亲自设计的罗马万神庙（Pantheon）。这座神庙位于帝国时代大型公共建筑云集的罗马北区，毗邻阿格里帕建造的尤利娅选举会场。当年阿格里帕曾经在这里修建了一座采用常规造型的万神庙，后来被火焚毁。新的万神庙于公元120年开始建造。作为业余建筑师，哈德良打破一切建筑常规，设计了一座史无前例的建筑。

万神庙剖面图（作者：G. B. Piranesi）

万神庙内部（一）（作者：G. B. Piranesi）

在看似谷仓的外观下面，是一个前所未见的、高度和跨度都达到 43.43 米的、巨大而完整的内部空间，四周没有一扇窗户，只有从顶部中央开着的一个直径 8.9 米的大天窗中射入的光线在室内的墙壁上缓慢移动。它是如此的空旷和对称，显示出高度的沉静，仿佛空气都被凝固住，即使是狂怒的暴风雪在进入这个空间之后也会变得安静和乖顺。罗马帝国的权力和威严在这样一个空间内得到了完全体现。㊀

这个古代世界最大的穹顶结构大屋顶是用混凝土浇筑出来的。根据后人的研究，罗马人很可能是在没有中央支撑结构的条件下进行施工的。他们在浇筑穹顶时是遵循由下而上的次序，一圈一圈地向上浇筑混凝土圆环，直至在顶端留下一个洞口。为减轻穹顶重量，它的内表面做有排列整齐的凹格。但即便这样，这个穹顶的重量仍是巨大的，以至于为了支撑它以及平衡它所产生的侧推力而作的圆筒形墙体的厚度竟然达到了 6 米。

㊀ 作为帝王权威的一个体现，每年夏至这一天正午，阳光穿过天窗之后会刚好投射在正在迈入正门前地板的皇帝身上。

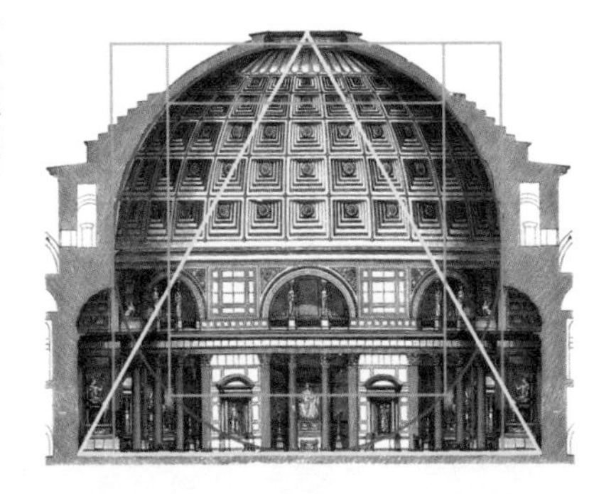

万神庙解剖图

万神庙穹顶

这个穹顶以及内部墙体的设计既具有高度的理性又富于变化：其相对的凹室内部底边中点与穹顶顶点的连线正好构成一个精确的等边三角形；从下层柱式的檐口到穹顶的垂线距离正好等于穹顶内壁圆周内接正方形的边长；大门和 7 个凹室将下层圆周作 8 等分，而檐口以上的墙面则被壁龛 16 等分；按常规做法，再往上的穹顶内壁似乎应该继续遵循 8 的倍数这样的等分规则，但实际上它却被凹格 28 等分，是 7 的倍数，仿佛有意使穹顶与鼓座分离而产生飘浮之感。

万神庙檐部写着：『执政官马尔库斯·阿格里帕所建』

万神庙的入口是一座进深三间的八柱式传统神庙门廊。哈德良皇帝从来不将自己的名字刻在建筑物上，因而在檐部刻上的仍是旧神庙的建造者阿格里帕的名字。

罗马万神庙是一座划时代的建筑。在它建造之前，建筑个体的艺术表现主要是以实体外表作为对象，从埃及的金字塔到雅典的帕提农神庙莫不如此。埃及金字塔是一个纯粹的几何实体。希腊神庙进了一步，借助柱廊形成的阴影来丰富建筑的表面效果。其虽然有内部空间，但形态乏善可陈，建筑存在的意义更多地体现在作为人们户外活动的背景。而在这座罗马万神庙中，我们看到内部空间成为建筑艺术最主要的表现对象。相比之下，它的外观给人留下的印象要逊色得多。当人们要来评价这座建筑的时候，他不能再像局外人一样站在外面品头论足。他必须进入这座建筑，置身于这个巨大的空间之中，才能够真正感受到它的震撼和魅力。

万神庙内部（二）

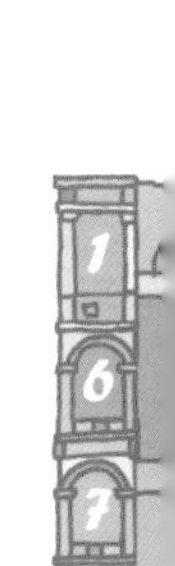

公元609年，万神庙被当时统治罗马的拜占庭皇帝福卡斯（Phocas，602—610年在位）下令改为教堂，从而得以幸存。尽管后来内部装饰有所变化，但它仍然基本保持住原有风貌。今天，这座雄伟的穹顶建筑已经成为我们体验全盛时期罗马帝国非凡气概和罗马建筑光辉成就的最生动的教材。

万神庙现状鸟瞰图

9-3 罗马的维纳斯与罗玛神庙

维纳斯与罗玛神庙复原场景

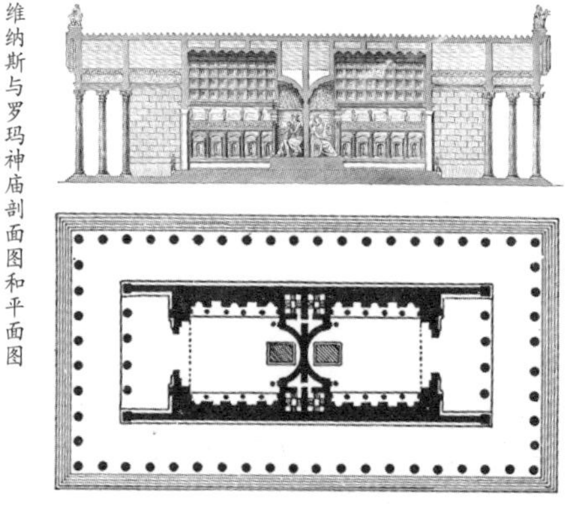

维纳斯与罗玛神庙剖面图和平面图

维纳斯与罗玛神庙复原图（一）（作者：G. Gatteschi）

公元 123 年，哈德良又设计了位于大角斗场对面的维纳斯与罗玛神庙（Temple of Venus and Roma）㊀。

哈德良不是职业建筑师，这反而使得他在设计的时候不拘一格，屡屡提出具有创造性的设计方案。万神庙是一个例子，这座双神庙又是一个例子。他把这座神庙设计成两座神庙背靠背组合的模式，还在内部采用混凝土浇筑的拱顶结构，真是前所未见。与此同时，哈德良还把这座神庙四周都设计成柱廊台阶环绕的希腊样式，以表示他对希腊文化的推崇。

据说大建筑家阿波罗多努斯对哈德良这位“建筑天才”很不感冒，尤其是对哈德良所热衷的穹顶建筑很不看好。每次哈德良

㊀ 维纳斯是罗马神话中司爱和美的女神，相当于希腊神话中的阿芙洛狄忒（Aphrodite）。罗玛则是罗马的保护神。

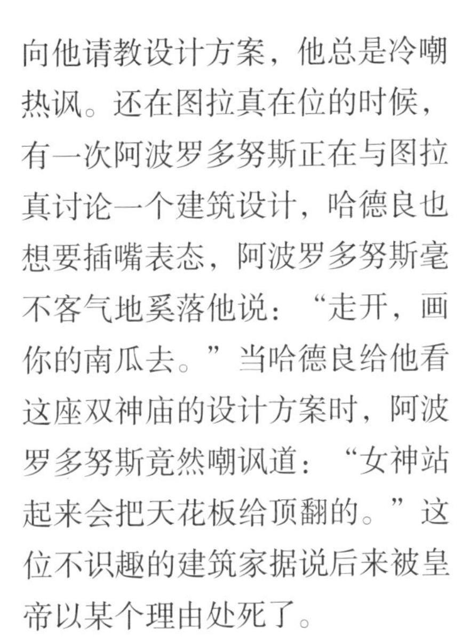

向他请教设计方案，他总是冷嘲热讽。还在图拉真在位的时候，有一次阿波罗多努斯正在与图拉真讨论一个建筑设计，哈德良也想要插嘴表态，阿波罗多努斯毫不客气地奚落他说：“走开，画你的南瓜去。”当哈德良给他看这座双神庙的设计方案时，阿波罗多努斯竟然嘲讽道：“女神站起来会把天花板给顶翻的。”这位不识趣的建筑家据说后来被皇帝以某个理由处死了。

维纳斯与罗玛神庙复原图（二）（作者：A. Pittalis）

同大多数罗马时期的建筑一样，这座神庙后来的命运也是十分悲惨的。在经历了1000多年的岁月磨蚀和人为摧残后，如今只剩下很少的一部分残迹还在向人们展示着这座曾经是罗马城中最大神庙的往昔风采。

维纳斯与罗玛神庙现状

9-4 哈德良长城

哈德良时代，罗马帝国停止了扩张。但哈德良并没有懈怠。他在任 21 年，其中有 13 年的时间是在帝国各处视察中度过的。他走遍帝国边防全线，实地查看、了解和掌握边境外的各种动向，以便完善军事防御措施。他的视察范围如此之广泛，在整个罗马帝国历史上，大概只有恺撒能与之相比。

哈德良长城

即位之后的第一次旅行，哈德良就来到帝国最边远的省份不列颠。为加强对已开化地区的保护，哈德良下令在不列颠岛的蜂腰部修筑了一道全长 117 公里的城墙——哈德良城墙（Hadrian's Wall），将不列颠岛南北拦腰隔断，以杜绝北部难以驯服的喀里多尼亚人的侵犯。这道有名的军事建筑由内外两道壕沟、一道城墙和两道野战工事组成。城墙上每隔 500 米左右设置一个瞭望塔，每隔 1.5 公里（1 罗马里）左右建造一座城堡。

哈德良长城城堡遗迹

哈德良长城遗迹

三个军团的罗马军队在不列颠一直坚守到公元 5 世纪。在 1000 多年后英国内战的岁月里，这道城墙还曾发挥过重要的军事作用。

9-5 雅典

作为希腊文化的崇拜者，哈德良最喜爱的地方自然是雅典。在罗马帝国时代，作为希腊文明的象征，雅典是特设的自治市，受到罗马执政当局的特别优待，不仅居民可以像罗马公民一样免缴行省税，而且还拥有独立的货币铸造权。哈德良多次造访这座名城圣地，甚至还正式登记成为雅典公民，高兴地被雅典人民推举为雅典城的执政官。他为雅典做了力所能及的一切，修建了宏伟的图书馆、体育场、输水道和一系列神庙，其中包括著名的奥林匹亚神庙。这座神庙已经建设了600年，但直到哈德良时代才得以最终建成。

罗马时代的雅典（作者：G. Rehlender）

奥林匹亚神庙，背景为雅典卫城

哈德良凯旋门

在离奥林匹亚神庙不远的地方，哈德良修建了一座凯旋门（Arch of Hadrian）。凯旋门的一侧刻着：“这是雅典，忒修斯的古城。”忒修斯（Thesus）是传说中远古时代的雅典王子，在克里特公主的帮助下，曾经深入米诺斯王宫内的迷宫，杀死了祸害雅典人民的怪物。凯旋门的另一侧则回应道：“这是哈德良的城市，不是忒修斯的。”

9-6 以弗所

以弗所的哈德良神庙

公元129年，哈德良来到另一座希腊名城以弗所（Ephesus）。这里是哲学家赫拉克利特的家乡，世界七大奇迹之一的阿尔忒弥斯神庙也坐落在此。几百年来，以弗所一直保持着繁荣景象，哈德良的到来又为它增添了新的魅力。

这座城市的主要建筑，包括城市广场、神庙以及剧场等，都沿着一条山谷进行分布。其中有一座被称为哈德良神庙（Temple of Hadrian）的小型建筑，它的设计非常精彩。大概也是出于哈德良的手笔，它的立面打破传统神庙的设计模式，以中央圆拱与两侧横梁形成方圆对比。这种做法在后来的岁月里一再为人所效仿，成为西方建筑经典语汇之一。

以弗所的哈德良神庙复原图

奉献给哈德良的凯尔苏斯图书馆（Celsus）也是一座引人瞩目的建筑。这是一座藏书超过万册的大型图书馆。它的立面造型非常有特点，上层的三座亭子恰好跨在下层四个亭子之间，使建筑立面在阳光下产生迷人的光影效果。

以弗所的凯尔苏斯图书馆

9-7 蒂沃里的哈德良离宫

哈德良即位后不久，就开始在罗马东郊山清水秀的蒂沃里（Tivoli）修建一座豪华的夏宫（Hadrian's Villa）。这是一座由神庙、剧场、图书馆、体育场、大浴场和学院等多种公共建筑组成的庞大建筑群。它们顺应

哈德良离宫复原模型（作者：J. Guates）

地势，遵照各自的轴线分区布景，然后再通过巧妙的设计手法组合在一起。其轴线变化过渡自然合理，令人叹服。

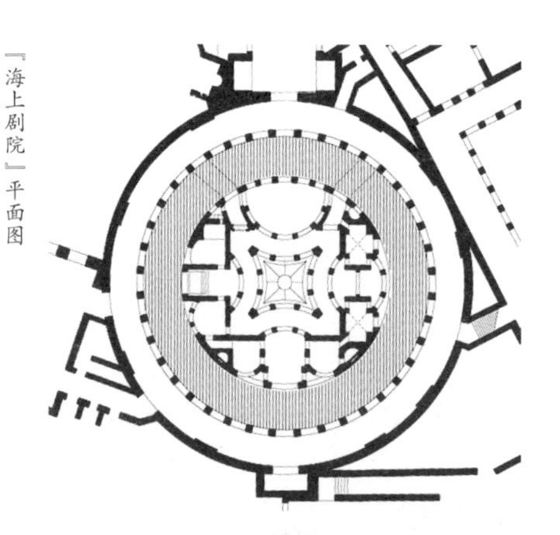

「海上剧院」平面图

「海上剧院」复原场景（作者：B.Frischer）

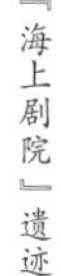

「海上剧院」遗迹

作为整个建筑群起承转合最关键的枢纽环节，以“海上剧院”（Teatro Marittimo）闻名的圆形水院是哈德良离宫中最动人的一处景观，估计是哈德良和他妻子的住所。水院中央的小岛直径约 27 米，以一个开敞的正方形小院为核心，将一系列矩形和弧形空间恰当地组织在整个圆形构图里。水院的外围是一圈由 40 根爱奥尼克石柱组成的向内开敞的环形柱廊。柱廊外侧的直径约 44 米、宽约 4 米，顶部是用混凝土构筑的。柱廊之内是一圈环绕中央小岛和宫殿的水池，宽 4 米。这一构思十分巧妙，水环的存在既可以让环廊中的人看到岛上宫殿的景致——“海上剧院”可能就由此得名，同时它也使小岛与外界保持精神上的适当距离。

位于离宫东部的德奥罗庭院

（Pizza d' Oro）也十分有名。这是一处由柱廊环绕的长 46 米、宽 37 米的庭院。庭院南侧建筑虚实相错、曲直有度的空间布置，表现出相当成熟的集中式空间组织能力。

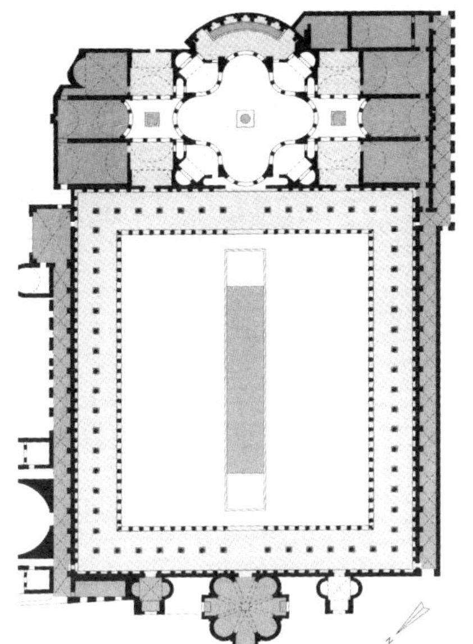

德奥罗庭院平面图

德奥罗庭院入口门楼也极富特点。它的中央是一个覆有穹顶的八边形大空间——这种八瓣形穹顶大概就是阿波罗多努斯所嘲讽的哈德良“南瓜”，四边是用于交通的矩形门洞，四角上还各有一个半圆形的凹室。这些小空间凸出于中央筒体的墙面之外。在它们的衬托下，中心建筑显得更加突出。

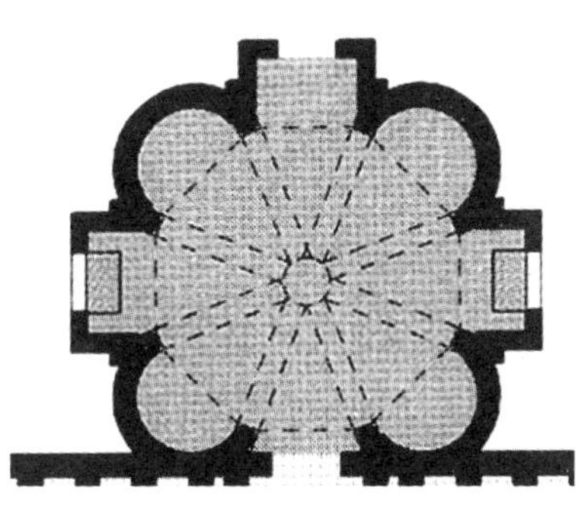

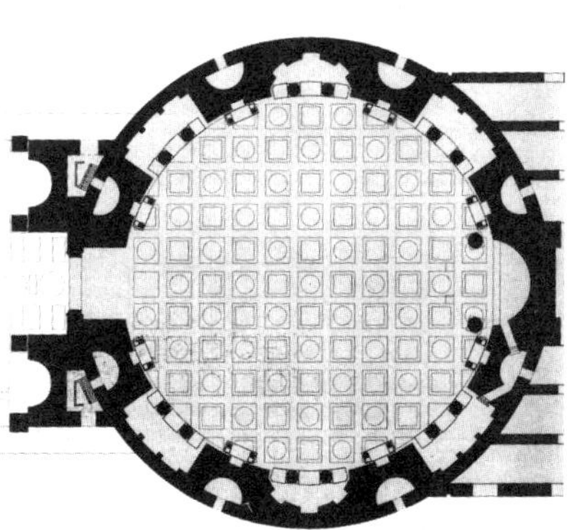

上为德奥罗庭院入口门楼平面图，下为罗马万神庙平面图

如果将这座门楼与万神庙进行一个比较，可以看出两者之间有一些不同的特点。万神庙具有高度的集中性，但空间过于静止、过于内向。它的中央空间是一个只为自己而存在的空间，全然无视周围其他空间包括人的存在。尽管在它的内表面开有很多的凹室、壁龛和凹格，但它们尺度太小，完全被中央空间所压制，丝

德奥罗庭院入口门楼遗迹

毫无法与中央空间相提并论。而在德奥罗庭院，凹室与中央空间的大小和高度比例恰到好处。它们的存在不但没有剥夺中央空间的主体地位，相反，由于它们的存在，更加衬托了中央空间的宏伟。同时，由于它们的补充，使中央空间产生了向外分裂扩张的动感，空间之间的交流性明显增加。这是一种非常新颖的建筑空间造型创造，对1000年后文艺复兴时期那些伟大的集中式教堂的诞生提供了有益的经验。

哈德良在视察帝国的时候，每当见到印象深刻的美景，回到罗马后，就会将它复制到蒂沃里的这座宫殿中，使它最终成为一座包罗万象的集锦园。其中很有名的一处景观叫"卡诺普"（Canopus），这个名称来自埃及亚历山大附近的一段运河。在埃及巡视期间，哈德良失去了他最宠爱的臣子安提诺斯（Antinous）。这处景观就是为了纪念他而建造的。景点主体部分长条形的水池象征安提诺斯不慎落水身故的那条运河。水池的

卡诺普运河复原场景（作者：B. Frischer）

卡诺普运河旁的女像柱

周围环以柱廊，其中有四根柱子是雅典厄瑞克提翁神庙中的女像柱复制品。

9-8

罗马的哈德良陵墓

建筑师皇帝哈德良也为自己设计了陵墓造型。这座陵墓（Mausoleum of Hadrian）建造在台伯河右岸，与奥古斯都陵墓隔台伯河相望，造型相似但体量略大。陵墓的下方做了一个边长 89 米、高 15 米的方形基座，其上是一个直径 64 米、高 21 米的圆台。圆台中央立有高塔，塔顶是象征哈德良的阿波罗战车雕像。哈德良之后的多位皇帝都葬在此处。

哈德良陵墓复原图（作者：G. Gatteschi）

哈德良陵墓现状，现为圣天使堡，画面右上方红点处为奥古斯都陵墓

公元 3 世纪，奥勒良皇帝将这座陵墓与他新修的罗马城墙防御体系连接起来，使之成为保卫罗马的一座军事要塞。公元 6 世纪末，罗马瘟疫流行。教皇格雷戈里一世（Pope Gregory I,

哈德良陵墓和圣天使桥现状

590—604 年在位）宣称在陵墓上方看见天使，因为它的出现才使瘟疫得以平息，于是就将陵墓顶端的雕像更换为凌空欲飞的天使，并改称为圣天使城堡（Castel Sant' Angelo）。后来，教皇们又在其上加建了宫殿，使之成为危急时刻的避难地。陵墓下面横跨台伯河的桥梁也是哈德良时代的建筑，桥墩以上的部分在 1000 多年后的巴洛克时代被翻新过，现在被称为圣天使桥（Ponte Sant’Angelo）。

第十章 安东尼和奥勒留时代

“那些曾经赫赫有名的人物都到哪里去了？他们像一缕青烟，消失了……”

10-1 安东尼和奥勒留

公元 138 年，哈德良去世，终年 62 岁。他在临终前，把只比自己小 10 岁的元老院元老安东尼（Antoninus，138—161 年在位）收为养子，确立为继承人。安东尼是一位人格上几近完美的皇帝，上任不久就获得“庇护”（Pius）的称号——意思是温良美德的楷模，后世称他为“安东尼·庇护”。

上为安东尼，下为奥勒留

在被哈德良收为养子的同时，安东尼也被要求收一位 17 岁的年轻人 M. 奥勒留（M. Aurelius，161—180 年在位）为养子。奥勒留从小勤奋好学，醉心于希腊哲学，深受老皇帝的赏识。但是哈德良并不想直接把这个乳臭未干的年轻人立为接班人，他还需要历练才行。没有儿子的安东尼接受了这一要求，即位后不久，就在奥勒留满 18 岁的时候，授予他"恺撒"的称号。从奥古斯都开始，每一位罗马皇帝的称号里一定带有"奥古斯都·恺撒"的字样，早已成为皇帝的代名词。现在安东尼单单把"恺撒"这个称号授予未来的接班人。从此以后，在西方，皇帝的法定继承人就被称为"恺撒"。

安东尼统治的时代，四海升平，八方宁靖。在帝国全境，从北方的莱茵河到南方的尼罗河，从阴冷潮湿的不列颠到阳光灿烂的叙利亚，到处都是一片欢乐祥和的景象。罗马帝国的国运达到了最高点。当时的一位诗人曾经在一次公开演讲中这样形容他们的时代：

"荷马曾经说过这样的话：'地球属于每一个人。'罗马把

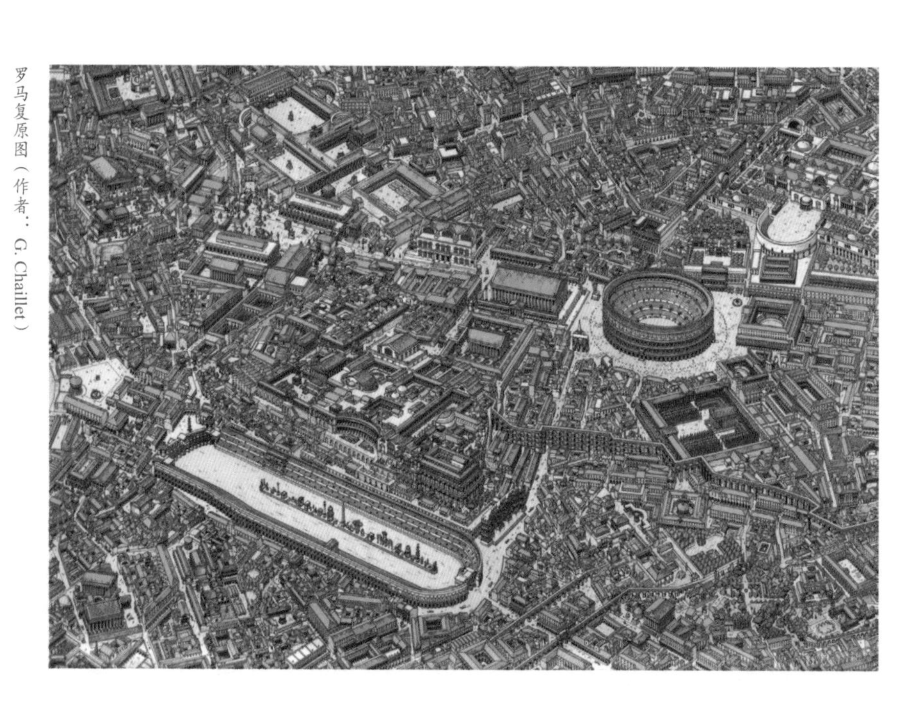

罗马复原图（作者：G. Chaillet）

诗人的这个梦想变成了现实。罗马人测量并记录了纳入保护之下的所有土地，在河流上架设桥梁，在平原和山区铺设大道。无论居住在帝国何处，完善的设施让人们的往来变得异常容易。为了帝国的安全，罗马建立了完备的防御体系。为了不同人种不同民族的人们和谐地生活在一起，罗马完善了法律。罗马的大门向所有的人敞开着。在这个多民族、多文化、多宗教相融并存的罗马世界，每个人都能够在自己的领域安心工作，每个人都能够保持自己的尊严和价值。”[29]

安东尼在位 23 年，包括建筑在内，没留下什么可说道的东西，一切都太平无事。或许正是因为如此，他 23 年都不曾离开意大利本土一步。他的养子恺撒·奥勒留也同样在罗马一待就是 23 年。父子俩都不曾走近帝国的边境，不曾检阅过帝国的军队。在这太平无事的 23 年里，整个帝国的时钟都好像慢了下来，停了下来。

领导人一定要能做到未雨绸缪。古人说：“生于忧患，死于安乐。”人的思维如同肌肉，需要不停地锻炼。一旦停滞了思考，人就会变得迟钝。身为皇帝如此，国民百姓也是如此。如果说连皇帝都觉得天下太平无事，这样的情绪就会传染给帝国的每一位公民。于是大家都刀枪入库，马放南山。刀枪要是没有经常拿出来擦拭，很快就会锈蚀；战马要是不经常牵出来遛遛，很快就会膘满肠肥。罗马民族的尚武精神就在这样太平无事的 23 年中日渐消退。

但是在罗马帝国的北方，一股游牧民族大迁徙的潮流正在暗中涌动，在一点一滴地蓄积力量。到下一个世纪，它们就要爆发出来，掀起惊涛骇浪。安东尼错过了及时觉察并调整对策做出反应的最好时机。

10-2 罗马的奥勒留纪功柱

公元 161 年，安东尼去世，已经 40 岁的奥勒留终于成为皇帝。九年之后，野蛮人大迁徙的第一声号角传到了罗马。已经沉静了几十年的罗马世界的和平被打破。两支日耳曼蛮族部落科斯特波奇人（Costoboci）和马尔科曼尼人（Marcomanni）突破了帝国北方边界多瑙河，深深楔入帝国腹地。科斯特波奇人一路冲到了雅典附近，希腊的各个城市都遭到了洗劫。而马尔科曼尼人则翻越了阿尔卑斯山，冲进了意大利本土。这是 200 多年来第一次野蛮民族杀到了意大利。奥勒留终于放下书本，披上盔甲来到前线，指挥罗马军团打退了野蛮人的这一次入侵。

凯旋回到罗马之后，奥勒留仿效图拉真，也立了一根纪功柱（Marcus Aurelius Column），就在今天意大利总理府基吉宫（Palazzo

科斯特波奇人和马尔科曼尼人入侵（公元 170 年）

Chigi）的门前。

与图拉真纪功柱相比，奥勒留纪功柱在内容上较多地表现了战争的残暴以及给人民带来的苦难。这是罗马和平安宁生活即将结束的预兆。在表现手法上，奥勒留纪功柱也开始出现与以往的古典雕塑有所不同的变化。从古希腊开始一直到图拉真时代，雕塑所表现的活动往往是在封闭的另一个世界里进行的。雕塑中的人物相互之间有着充分的交流，可是一般都与我们观众无关。比如在图拉真纪功柱上，当皇帝发表演说时，艺术家总是让他侧向观众而面对雕塑中他的士兵。我们观众可以置身事外，平静地观看画面内容。但是在奥勒留纪功柱上，同样的主题，艺术家的心情却不再保持平静。他让主人公正面朝向观众，好像正在向观众呼喊，从而让观众直接参与到雕塑所表现的活动中去，而不再能够悠然度外。这与万神庙所带来的建筑体验的变化是大体一致的，它们都预示着一个艺术发展的大转型时期很快就将到来。

奥勒留纪功柱现状

奥勒留纪功柱局部（一）

奥勒留纪功柱局部（二）

奥勒留纪功柱局部（三）

10–3

奥勒留和康茂德

奥勒留

今天在罗马的卡比托利欧博物馆里收藏着一尊奥勒留的青铜骑马像。这是唯一一尊幸存下来的罗马皇帝骑马像。在做皇位继承人的23年时间里，奥勒留一天都没有离开过意大利。等到他自己做皇帝的时候，19年时间，却几乎每一年都在前线征战。先是同东方的老对手帕提亚，而后是日耳曼人。在战争间隙，他不断进行自我反省，最后写了一本书《马上沉思录》（或者翻译成《沉思录》）。书中写道："那些曾经赫赫有名的人物都到哪里去了？他们像一缕青烟，消失了。"

作赫丘利（Hercules，希腊称为赫拉克勒斯）打扮的康茂德

奥勒留有一位活到成年的儿子，他决定把皇位传给这个儿子。这样一来，从涅尔瓦开始的选贤继承的惯例被打破，罗马帝国重新又回到人类社会普遍接受的世袭制。

应该说，世袭制与选举制相比，其最大的好处在于能够减少争议，有助于维持社会稳定，最大限度地避免因为争权夺利带来的内乱。但是世袭制最大的问题在于，父亲的血缘可以遗传给儿子，但是父亲的思想、品格和才干却没有办法遗传。采用世袭制的社会，最典型的就像中国古代，每朝每代的开国君主都是奋发有为的，但之后就都是因循守旧，江河日下，苟延残喘，永远都陷在这个怪圈中，不能进步。而罗马国家之所以从开国到奥勒留时代，能够保持900年长盛不衰始终进取向上，很重要的一点，就是有一个选贤任能的机制。按照共和国时代制定的政策，罗马最高官职执政官的候选资格是42岁，在此之前需要经过全国范围各个地区、各种职务的历练。这个机制保证了罗马在历史的每一个关键时刻都能够有杰出人物挺身担当。但是到了帝制时代，一年一任的最高统帅官职变成了终身制，成了皇帝。于是难免的，皇位被当成了私有财物，也可以父死子继了。这样一来，年龄的限制就被打破。但尽管如此，在公元4世纪基督教时代到来之前，罗马帝国历史上还从没有出现过把国家最高领导权交给一个幼儿的情况。在奥勒留之前，罗马帝国最年轻的皇帝是17岁的尼禄和25岁的卡利古拉。30岁以前成为皇帝的仅此两位。可是这两位在罗马人心中都没有留下好名声，也都不得善终。这就是为什么，哈德良即使再赏识17岁的奥勒留，也是要先把权力交给52岁的安东尼，然后等待奥勒留逐渐成长，直到他取得足够的阅历，所展现出来的才干能够得到公民和元老院的认可。但是奥勒留却没有这个耐心来培养自己的儿子。

继承父亲皇位的康茂德（Commadus，180—192年在位）时年19岁，罗马帝国历史上迄今为止第二年轻的领导人。古人说："三十而立，四十不惑。"人可能真的要到一定的年龄才能够知晓自己的使命，更不用说要承担起一国领导的重任。像亚历山大那样的少年天才真可谓是千年难得一遇的。19岁的康茂德很快就走上了17岁的尼禄和25岁的卡利古拉一样的道路：在权力的诱惑下，先是小有作为，而后胡作非为，最后被亲信暗杀。

罗马帝国至此越过了辉煌的顶点。

第五部

危机降临

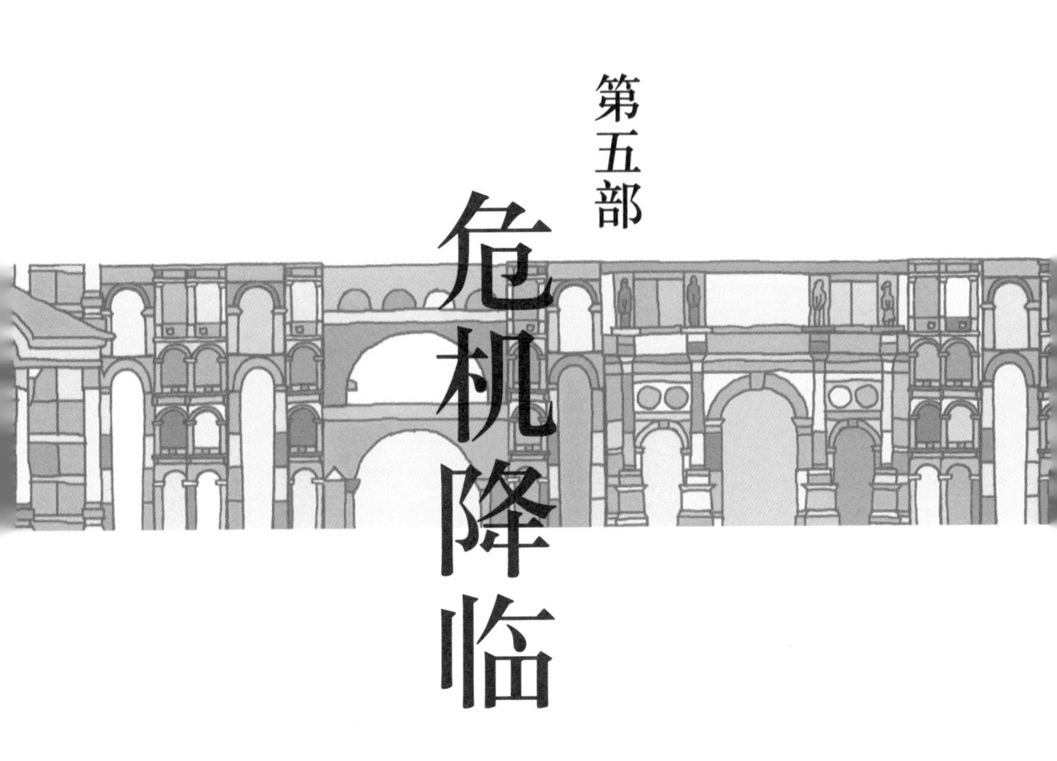

第十一章　塞维鲁王朝

“很多事情当初的意图是美好的，充满了善意，但结果却可能很糟糕。”

11-1 塞维鲁

塞维鲁

康茂德死后，罗马帝国照例经历了一场争权夺位的动荡。最终，指挥帝国多瑙河兵团的塞维鲁将军（Severus，193—211年在位）夺得了皇帝宝座，建立了一个持续了 42 年的新王朝。

11-2

罗马的塞维鲁凯旋门

为了树立威信，塞维鲁刚上任就领兵东征老对手帕提亚，把两河上游地区再次划入罗马版图。凯旋回到罗马后，塞维鲁在罗马广场元老院门口建造了一座凯旋门（Arch of Severus）以为纪念。这是一座三拱门式的凯旋门，宽 25 米、高 23 米、厚 11.9 米，是现存罗马凯旋门中的精品。

塞维鲁凯旋门

11-3

大莱布提斯

塞维鲁出生在非洲利比亚的大莱布提斯（Leptis Magna），是罗马帝国历史上第一位非洲出生的皇帝。在 48 岁成为皇帝之前，他的履历是那个时代罗马高级官员的典型代表：18 岁离开家乡到罗马求学，先后担任过罗马军团的大队长、财

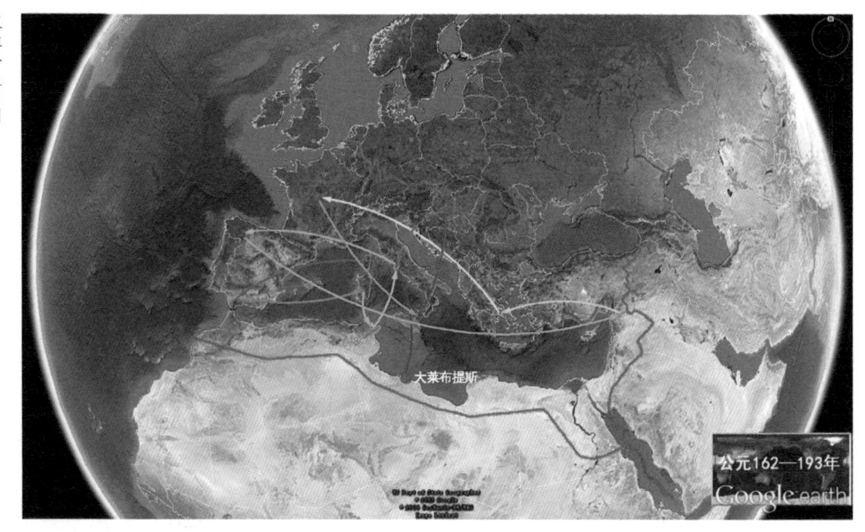

务检察官、护民官、法务官、军团长、地方总督和执政官等各种文武职务，任职地遍及罗马帝国的各个角落。在这个过程中，他很好地熟悉了帝国各个地区的特点，掌握了国家运行的基本规律。国家由这样的人来领导，显然是会比由那些生长在深宫后院的人来领导要更让人放心。

塞维鲁被后来的历史学家称为第一位“非罗马式”的皇帝，其中的主要原因就是他总是对家乡给予特别的关照，他所委以重任之人也大多出自家乡。而在此之前，外地出生的罗马皇帝没有一个给过自己的出生地有什么特殊待遇：奥古斯都的家乡一直都只是罗马大道旁的一个小镇；图拉真和哈德良当上皇帝之后一次也没有回过西班牙老家。在他们看来，他们是国家第一公民，是全罗马世界的皇帝。可是塞维鲁对家乡就很执念。他一再指导和大力支持大莱布提斯的建设，使之成为地中海的“海上明珠”。

在皇帝的特别青睐下，大莱布提斯的各种公共建筑都非常壮观，丝毫不逊色于罗马以外的任何意大利城市，与今天非洲与欧洲的巨大差别形成鲜明对比。复旦大学教授葛剑雄在主持中央电视台《走进非洲》节目时曾经来到这里，他说：“我想不出还有什么更确切的词汇,可以取代‘辉煌’，所以只能说它不仅是辉煌。”

大莱布提斯

11-4 萨迪斯

小亚细亚的萨迪斯（Sardis）是一座历史名城，曾经是吕底亚王国的首都，克洛伊索斯兵败被俘之后，萨迪斯成为波斯驻小亚细亚总督驻地。当年爱奥尼亚人反叛，发兵攻打萨迪斯，成为希波战争的导火线。被罗马人征服后，萨迪斯也变成了“罗马”。

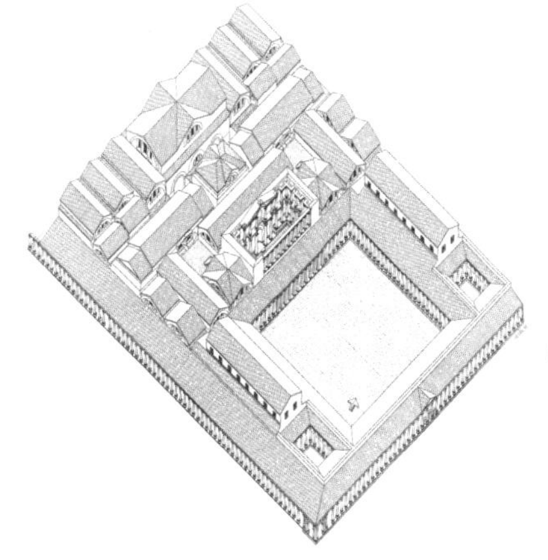
萨迪斯大浴场轴测图（作者：Yegol）

萨迪斯最著名的罗马遗迹是一座带有体操馆的宏伟的大浴场，它的入口大厅是在塞维鲁时代修建的，立面上下交错布置的

萨迪斯大浴场入口大厅

亭子设计与以弗所的凯尔苏斯图书馆风格相似，是带有小亚细亚地方特色的做法。

11-5 罗马的卡拉卡拉大浴场

上图为塞维鲁，下图为塞维鲁妻子与孩子

塞维鲁希望他死后的皇位继承能够平稳进行，所以很早就开始培养两个儿子卡拉卡拉（Caracalla，211—217 年在位）和盖塔（Geta），早早就授予他们继承人的特权，希望兄弟俩能够同心协力。然而愿望终究只是愿望，也是无法遗传的。公元 211 年塞维鲁去世，两兄弟一起登上皇位，共同执政。然而仅过了一年，23 岁的哥哥卡拉卡拉就当着自己母亲的面杀死了22岁的弟弟盖塔，独揽大权。

卡拉卡拉给罗马留下了一座伟大的建筑——位于罗马城南的卡拉卡拉大浴场（Baths of Caracalla）。这座浴场在塞维鲁当政的时候就已经开工，最终于公元 216 年建成。它的规模超过以往罗马建造的所有浴场，仅其中的主浴室就可以同时容纳 3000 人沐浴。它占地极为广阔，总平面长 410 米、宽 380 米。其中的主体建筑规模巨大，长 228 米、宽 116 米，其平面布置体现了罗马

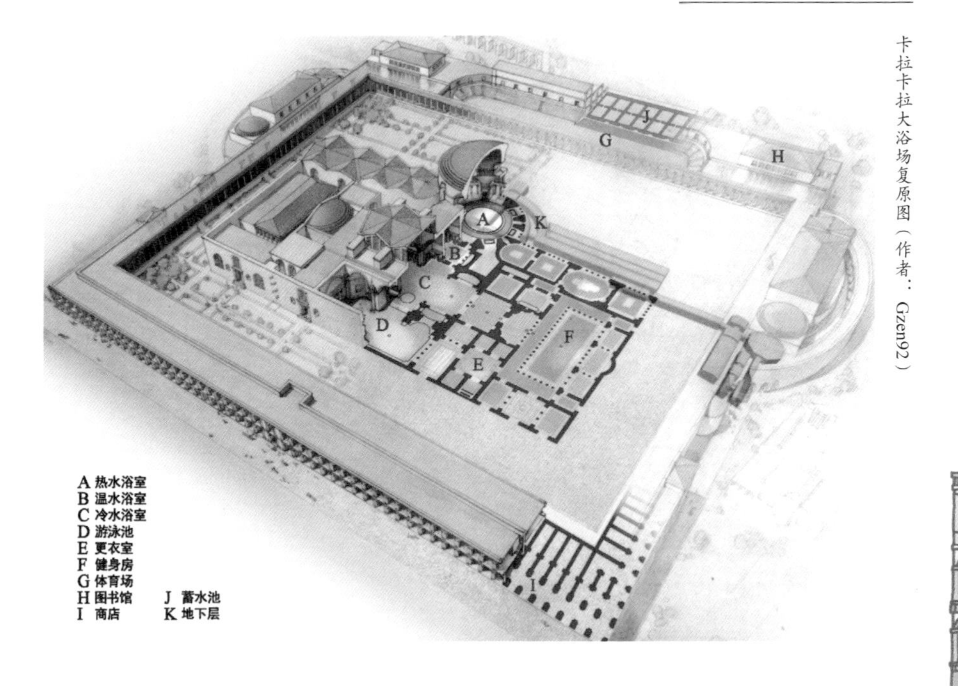

卡拉卡拉大浴场复原图（作者：Gzen92）

人对大型复杂空间卓越的整体把握能力。

卡拉卡拉大浴场的中心部分是一个使用混凝土交叉拱结构屋顶的冷水浴大厅（Frigidarium），长 55.8 米、宽 24.1 米、高 33.9 米。大厅朝外的一侧是游泳池（Natatio），长 65 米、宽 29 米。大厅内侧是较小一些的温水浴室（Tepidarium），左右各设有一个温

卡拉卡拉大浴场剖切图（作者：J. J. Lequeu）

艺术家想象的卡拉卡拉大浴场海报（作者：C. Forsey）

水浴池。穿过去就是热水浴室（Calidarium），其顶部是一个直径35米（几乎与万神庙相当）的大穹顶，顶棚高达49米，比万神庙还要高。不妨想象一下，在这样一个尺度的空间里洗热水浴会是一种什么样的感受！这个热水浴大厅的圆形平面一半凸出主体建筑，另一半与其他空间过渡连接十分流畅。在它们周围还设有蒸汽浴室、按摩室、更衣室和健身房。在主体建筑周围还分布有图书馆、演讲厅、体育场、花园和旅馆等。浴场内的装修十分豪华，内外墙壁上到处都是镶嵌画和雕像。置身其中，仿佛有一种置身于宫殿和美术馆的感觉。实际上，罗马人民亲切地将它称之为“平民的宫殿”。在这里洗一次澡的门票也不贵，大约相当于三两粮食的价钱，所以一般的民众都能够承受得起。甚至奴隶也可以来这里洗澡。光着身子洗澡的时候，阶级的差别就都消失了。

卡拉卡拉大浴场冷水浴大厅遗迹

卡拉卡拉大浴场

1000多年过去，帝国早已倾废，荣光也早已散尽。法国小说家左拉来到这片废墟参观，他感慨地说："（这座建筑的）大厅之高，墙壁之厚，建筑之大，都是不寻常的。这是哪一种巨人的文明呢？从旁经过的人宛如蚂蚁。"[30]

11-6 卡拉卡拉

卡拉卡拉并非天生的暴君。年纪轻轻就承担起帝国重任的他，也是想有一番作为的。刚上任不久，他就告诉帝国人民："我不应该只让我的臣民分担守护帝国的责任，也应该与你们分享帝国的荣誉。"他授予罗马帝国境内所有的自由民以罗马公民权。曾经那些只有罗马公民才能够享受的特权，现在起将平等地沐浴在每一个国民的身上。

从我们今天的角度来理解，所谓人人生而平等，这似乎是一件天经地义的事情。然而也正像我们今天所看到的许许多多的事情一样，绝对的平等就真的是一件好事吗？当某种权利暂时只是由部分人所拥有，而另一部分人为了拥有它就需要付出特别的努力的时候，这种不平等并非全是坏事。在一个健康的社会里，那些已经获得权利的人会出于荣誉感去帮助未获得权利的人。此前的罗马社会就是一个典型的例子。罗马的所有公职都是没有报酬的，更多的是代表一种奉献的荣誉和公民的责任。罗马社会的基础是地方自治，那些拥有罗马公民权并且享受充分的地方自治权利的贵族乡绅们会出于尊严和义务自愿承担起各种公共建设维护的日常费用，然后自豪地在公共建筑上留下自己的大名。只要这个社会保持一种开放的态度，有一条通畅的上升渠道，在这种情况下，那些暂时还未能获得权利的人也会有一种努力上升的动力。而一旦他们经由自己的努力获得成功，就会产生成就感。这种感觉是一个健康向上的社会所不可缺少的。相反，如果所有的权利大家都可以轻易获得，那么必然的，这种获得感、荣誉感以及自豪感就会随风飘散，而个人主义、对国家和公众的利益不闻不问的风气就会日渐上风。

居住在罗马边境行省的那些新近才被吸收到罗马文明生活中的部落居民，过去原本需要承担长达 25 年的边境辅助守卫职责，才可以在退伍的时候获得能够继承的罗马公民权。现在，这个公民权，不需要付出任何努力，就从天上飘落到所有人的头上。于是，守卫国家的责任就与他们无关了。而对于那些驻扎在边境地区的完全由罗马公民组成的正规军来说，原本只属于他们的那种罗马公民的骄傲感，现在也一下子变得无足轻重了。所有的人都有的东西，没有人会去珍惜，就等于所有的人都没有。这样一来，从军队开始，罗马的国本被动摇了。

恺撒有一句名言：“很多事情最初的意图是美好的，充满了善意，但结果却可能很糟糕。”卡拉卡拉的年轻，将让古老的罗马帝国为之付出惨痛的代价。

11-7 罗马的亚历山大输水道

公元 217 年，卡拉卡拉在东征帕提亚的途中，被因犯错受到责罚而心怀不满的部下刺杀。经过一个短暂的混乱之后，他的两个外甥埃拉伽巴路斯（Elagabalus，218—222 年在位）和 S. 亚历山大（S. Alexander，222—235 年在位）先后成为皇帝。作为卡拉卡拉的继承人，他们把塞维鲁王朝又延续了 17 年。

古代罗马的最后一条输水道——亚历山大输水道（Aqua Alexandrina），就是在亚历山大在位的时候建造的。随着这条输水道的完成，现在罗马一共拥有了 11 条输水道，总长度达到 477 公里，每天总共可以向罗马输水 112 万吨。平均到每一位罗马人，每天可以分配使用的清洁用水差不多有 1 吨！ 这是什么概念呢？以 1000 多年后的今天为例，纽约市的人均用水量大约是 0.6 吨左右，伦敦是 0.5 吨，东京是 0.47 吨，而笔者所在的厦门是 0.44 吨。㊀ 这实在是一个不可思议的国家。

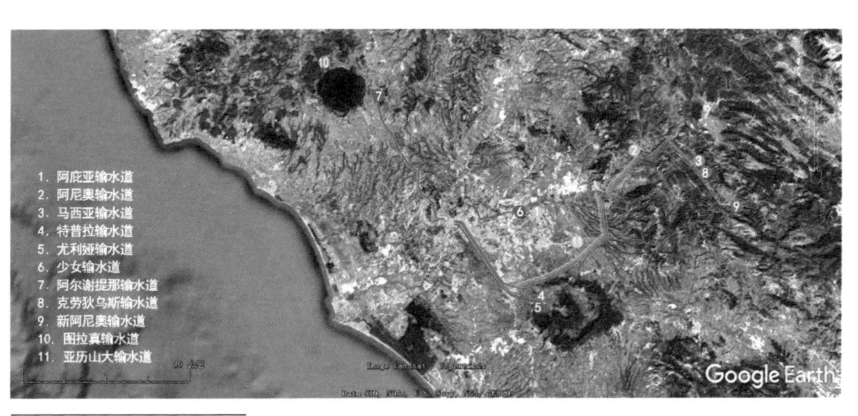

罗马输水道

㊀ 纽约、伦敦、东京的数据参考《罗马人的故事 X》以及维基百科相关内容；厦门市的数据是根据厦门市统计局相关数据折算。

第十二章 士兵皇帝时代

『人不应该恐惧死亡，他应该恐惧的是从来未曾真正活过。』

1
9
8

12-1 士兵皇帝

公元 235 年，塞维鲁王朝的末代皇帝亚历山大被心怀不满的军人刺杀。五贤帝时代才过去半个世纪，就已经更换了九位皇帝，其中除了塞维鲁以外，全都死于非命。从此，罗马帝国的最高统治职务陷入一个危险的循环。奥古斯都时代确立起来的、依靠血统正当性获得皇位的继承方式，由于一连串心浮气躁的年轻人的无能，失去了罗马民众和军队的信任。而没有了血统的正当性，就只能靠个人能力了。在这种时候，如果能够再出现一个像恺撒那样的天才，罗马帝国或许能重振雄威。可惜恺撒不是任何时代都会有的。

接下来的半个世纪，罗马的最高统治者像走马灯一样更换。从公元 235 年至公元 284 年，50 年间，先后有 21 人登上皇帝宝座。

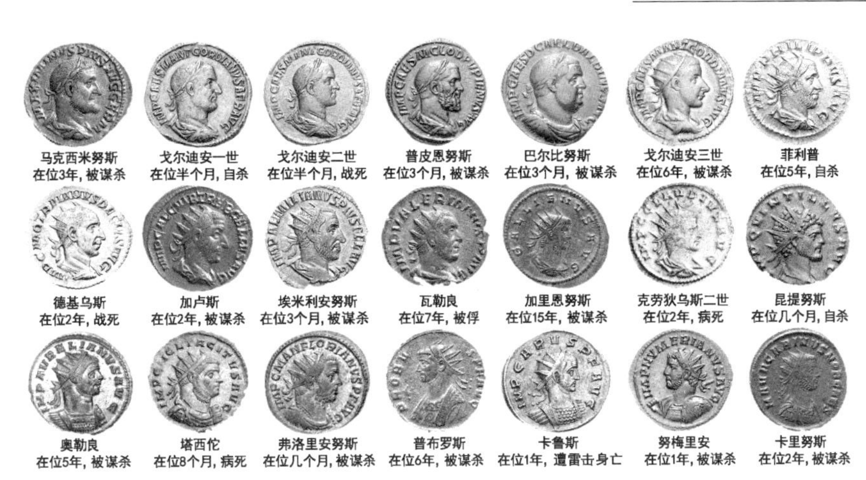

他们中的大多数都是由反叛的士兵拥戴上的，除了少数之外——两位病死、两位死于与外敌作战、一位遭雷击意外死亡，其他 16 位皇帝都是由于驾驭士兵的能力不足而失去士兵的信任，又死于新的反叛士兵手中，或者被迫自杀。历史上称这段时期为“士兵皇帝时代”。不过，需要说明的是，与中国的改朝换代不同，罗马帝国从来都是只换皇帝，其他包括军队、元老院和各级政府组织都不改变。类似今天某些民主国家频繁更换总理的性质，区别在于皇帝下台只能是死亡。

12-2 杰姆

尽管政局动荡，帝国的生活还在继续，建筑也还在继续。位于突尼斯的杰姆（El Djem），古罗马时名为修斯德鲁斯（Thydrus），拥有一座公元 238 年建造的角斗场，长轴 162 米，短轴 118 米，可以容纳大约 45000 名观众，是除了意大利以外罗马

杰姆角斗场遗迹鸟瞰图

世界建造的最大的角斗场。

在这样一个今天看来不过是稍大一些的村庄的地方居然能够有这么一座庞然大物，足以证明“罗马无处不在”这句话并非妄言。

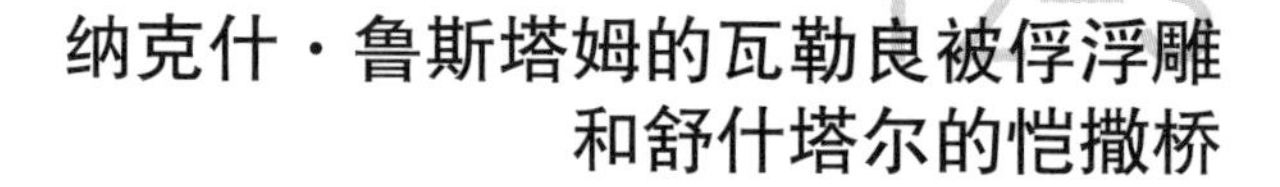

12-3 纳克什·鲁斯塔姆的瓦勒良被俘浮雕和舒什塔尔的恺撒桥

在这个时期，罗马的周边环境也发生了比较大的变化。

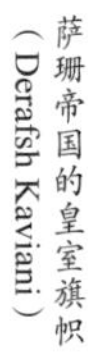

萨珊帝国的皇室旗帜（Derafsh Kaviani）

首先是帝国在东方的头号对手已经从帕提亚换成了波斯萨珊帝国（Sasanian）。这个新兴的国家与以往的帕提亚很不一样。帕提亚总体来说安于现状，只是在亚美尼亚与罗马产生摩擦。而萨珊帝国则立志要恢复古波斯帝国的王者荣耀。在被亚历山大灭亡之前，波斯帝国曾经占据了地中海东部的半壁江山。显然，与波斯帝国的战争将更加残酷。公

罗马帝国（公元 260 年）

元 260 年，罗马皇帝瓦勒良（Valerian，253—260 年在位）在与波斯帝国战斗中被俘。在罗马历史上曾经多次出现过最高指挥官在前线阵亡的事件，但是这是第一次，最高指挥官被敌人俘虏。

位于旧波斯帝国首都波斯波利斯附近的纳克什·鲁斯塔姆（Naqsh-e Rustam）是波斯帝国时期的皇家墓地所在。就在那位 750 年前曾经入侵希腊的大流士一世（Darius I，前 522—前 486 年在位）墓室的侧下方，新一代波斯帝国皇帝沙普尔一世（Shapur I，240—270 年在位）得意扬扬地将跪在自己马前的罗马帝国皇帝瓦

中央偏右为大流士墓，罗马皇帝跪像位于其左下方

罗马皇帝跪在波斯皇帝前

舒什塔尔的『恺撒』桥

勒良刻画在崖壁上。

在这场战役中被俘的罗马士兵被波斯人押解着渡过底格里斯河，去为波斯人修建城市和桥梁。在今天伊朗西南部舒什塔尔（Shushtar）附近，我们还可以看到当年罗马战俘修建的、兼做水坝用途的桥梁遗址。这座被以“恺撒”命名的大桥（Band-e Kaisar）全长550米，直到近代仍然在发挥作用。

12-4 罗马的奥勒良城墙

更大的打击来自北方。

公元3世纪中叶起，罗马遭到大规模的游牧民族侵扰。越来越多的野蛮民族从欧亚大陆腹地走出来，涌向罗马帝国边界。这些新一代的野蛮民族与以高卢人为代表的老一代野蛮民族不同，他们对作为罗马文明象征的定居和农耕生活既无所知也毫无兴

趣，完全以抢劫为乐事。由于这个时候的罗马军团已经不再能够发动先发制人的预防性打击，漫长的边境线仅仅依靠消极防御是无法周全的。于是，一股股的游牧民族钻隙穿越边界，突入罗马帝国内部毫不设防的地区。受到侵扰的边境地区居民不得不放弃农田，涌向城市和较为安全的内地。罗马帝国的经济状况日趋恶化。

为了赶走这些四散侵扰的入侵者，罗马军团在构成上发生了重大改变，从以公民为主的步兵转向以臣服的前游牧民为主的、善于追击的骑兵。这样一来，不仅罗马公民从军卫国的观念更加淡漠，而且军队也日益掌握在臣服的前游牧民手中，随时都有可能失控。这种状况很像安史之乱后的唐朝。到公元270年，图密善时代建立的日耳曼防线和图拉真征服的达契亚都被放弃了。罗马帝国的北方边界退回到了300年前的奥古斯都时代，整个国家的衰弱之势已经很难逆转了。

公元271年，奥勒良皇帝（Aurelian，270—275年在位）决

黄色线为奥勒良城墙
绿色线为塞维安城墙

定要为罗马修建一道新的城墙（Wall of Aurelian）。自从恺撒拆掉塞维安城墙，300 多年来，罗马一直是一座无须防御的安全城市。然而到了这个时候，罗马人终于开始感受到久违的不安。

奥勒良城墙遗迹

罗马的第二道城墙长约 19 公里，城墙上每隔 30 米就建有一座塔楼，城墙周围共设有 18 座城门。这道城墙中的大部分今天还保留着。

12–5 帕尔米拉

在打退北方蛮族的入侵之后，奥勒良皇帝又不得不直视在动乱中已经分裂成三部分的帝国境况。

芝诺比阿

在东方，一位名叫芝诺比阿（Zenobia）的女子，在担任叙利亚总督的丈夫去世后，趁着罗马帝国全力对付日耳曼入侵而无力东顾的机会，于公元 267 年自立为王，占据了罗马帝国几乎全部的东方土地。而差不多与此同时，驻扎在西方莱茵河边境的罗马高级将领也在高卢、西班牙和不列颠建立独立王国，不再服从罗马的命令。这并不是争夺皇位的前奏，而是实实在在的意图分裂。这是罗马历史上从未有过的一幕。

奥勒良把统一国家的矛头首先对准东方。经过一番作战，他率军攻陷芝诺比阿的首都帕尔米拉（Palmyra），恢复帝国对东方的统治。

帕尔米拉遗址鸟瞰图

沙漠中的帕尔米拉是东西方贸易商路上的一个重要枢纽，素有“东方罗马”之称。在战争中遭到很大破坏之后，这座城市就逐渐衰落下去，几百年后只留下数不清的罗马柱还矗立在沙漠之中。

帕尔米拉遗址局部

收复帕尔米拉后，奥勒良又趁势西征逼迫高卢投降，重新恢复了国家统一。

12-6 奥勒良

奥勒良

奥勒良是一个好皇帝。他有一句名言："人不应该恐惧死亡，他应该恐惧的是从未曾真正活过。"他很努力地为国家服务，但可惜最终还是没能够逃脱这个时代的魔咒。公元 275 年，他被一位因为做错事而害怕受罚的下属杀害。

之后的十年，罗马又换了六任皇帝。

第十三章 从戴克里先到君士坦丁

“来看看我家后院的卷心菜吧，就冲这个，也不值得再为权力斗争而劳心费神了。”

13-1 戴克里先和四帝共治

公元 284 年，父亲曾是奴隶的戴克里先将军（Diocletian，284—305 年在位）被士兵们拥戴为皇帝，时年 40 岁。作为 50 年内罗马出现的第二十二任皇帝，戴克里先决心不让历史重演。

戴克里先

他首先效法东方专制帝王制定了繁缛的宫廷礼节将皇帝与臣民截然分开，第一次成为高高在上的神圣君主。从这时起，罗马帝国的臣民们再也不能像从前那样随意接近皇帝了，只能恭恭敬敬地“觐见”皇帝。在皇帝宝座面前，自此谁都不许坐着说话。元老院、行省被废除，全国都纳入皇帝的掌控之下。自从奥古斯都成为事实上的第一位皇帝以来，“第一公民”终于成了名副其实的“皇帝”，而“公民”则变成为了臣民。

但仅仅这样，戴克里先认为还不够。为了克服几十年来臣下谋反篡位形成的习惯，戴克里先挖空心思设想出一套后来被称作“四帝共治”（Tetrarchy）的奇特政治制度。他刚一出任皇帝没多久，就马上提拔比自己年轻六岁的助手马克西米安（Maximian，286—305 年在位）为“恺撒”，委托他全权管理帝国西部，自己则专心管理东部。两年后，他又授予马克西米安“奥古斯都”的称号，使之成为与自己平起平坐的共治皇帝，分担国家管理的责任。当然两人中还是以戴克里先为尊，而马克西米安到死都没有挑战过戴克里先的权威。

为了“彻底”解决困扰帝国的皇位继承问题，又过了七年，公

罗马帝国四帝共治（公元 293—305 年）

元 293 年，49 岁的戴克里先为自己和 43 岁的马克西米安分别指定了一位接班人，也就是“恺撒”——副皇帝。戴克里先任命 33 岁的伽列里乌斯（Galerius）为自己的副皇帝，任命 43 岁的君士坦提乌斯（Constantius Chlorus）为马克西米安的副皇帝，协助管理国家。这三个人都与戴克里先没有亲缘关系。这样一来，罗马帝国同时出现了四位合法的统治者，各自治理一部分国土，而戴克里先则享有最高权威。需要说明的是，这种安排并不是分裂国家，而实质上相当于今天的战区设置：虽是分成四个战区，但仍然是一个国家。罗马帝国并没有分裂，大家都是罗马人，只有一个元老院，皇帝们只是各自战区的总司令。戴克里先认为，通过这样的安排，任何人要想再谋反，除非他能一下子将四位分处天南地北的皇帝、副皇帝一网打尽，否则势必遭到严厉报复。

罗马银币：四帝共治

在威尼斯圣马可大教堂靠近总督府的外墙转角，游客们今天可以看到一座深红色的《四帝共治》雕像。这座雕像大约创作于公元 300 年，原本是用来装饰一座宫殿，中世纪的时候被威尼斯人弄到了这里。四位皇帝紧紧地拥抱在一起，见证了这个只有像戴克里先这样胸怀广大、一心为公的人才能够想得到的独特制度。

前排为戴克里先和伽莱里乌斯，后排为马克西米安和君士坦提乌斯

13-2 罗马的戴克里先大浴场

在四位正副皇帝的齐心协作下，帝国边境恢复了安宁，国家政局也不复动荡。公元 303 年，戴克里先就任罗马皇帝已经 19 年。一直在边疆劳顿的他到这时才终于得空第一次回到首都罗马，与马克西米安一起举行了盛大的凯旋式，庆祝罗马帝国恢复和平。

戴克里先为罗马人民奉献了一座新的大浴场——戴克里先大浴场（Baths of Diocletian）。这座罗马最大规模浴场的主体建筑长 240 米、宽 148 米，据说可以容纳 3600 人同时洗浴。

与卡拉卡拉大浴场的命运有所不同，戴克里先大浴场的一部分后来在文艺复兴时期因为被“幸运地”改造为教堂（Church of Santa Maria degli Angeli，由米开朗琪罗设计）而得以留存下来，其中包括

戴克里先大浴场冷水浴大厅（作者：E. Paulin）

采用了混凝土交叉拱结构的冷水浴大厅，长 61 米、宽 24.4 米、高 27.5 米；以及温水浴室，其穹顶直径约 20 米。

戴克里先大浴场冷水浴大厅现状

13-3

皮亚扎—阿尔梅里纳的卡萨来别墅

在西西里岛中部皮亚扎—阿尔梅里纳（Piazza Armerina）有一座卡萨来别墅（Villa Romana del Casale），在 12 世纪遭遇山崩灾难后就一直静静地待在那里，直到 20 世纪才被重新发现。这处壮观的别墅被认为是属于西部皇帝马克西米安的，以其几乎遍及每一个房间的精彩绝伦的马赛克镶嵌画而闻名于世。

卡萨来别墅的马赛克镶嵌画（一）

这种马赛克镶嵌画早在公元前 5 世纪就已在古希腊出现，用数量巨大的小块彩色石子拼嵌出图画色彩和线条，用以装饰公共建筑或高级住宅，可以保存得较为长久。

卡萨来别墅的马赛克镶嵌画（二）

13-4 特里尔

特里尔『黑门』

革命导师马克思的家乡特里尔（Trier）是罗马帝国莱茵河防线的军事枢纽，地位非常重要。“四帝共治”时代，这里成为帝国西方副皇帝的驻节地。

特里尔浴场遗迹

这座城市今天仍然可以感受到当年的脉络，罗马时代的许多遗物，包括桥梁、城门、角斗场、大浴场等，今天也都还较好地保留着。

13-5 斯普利特的戴克里先宫

戴克里先和马克西米安

公元 305 年，戴克里先已经统治帝国 20 年了。他决定退休，为自己一手打造的新型继承体制做出表率。61 岁的他拉着 55 岁的并不那么情愿的马克西米安共同退位，而将两位副皇帝伽列里乌斯（305—311 年在

位）和君士坦提乌斯（305—306年在位）提升为东部和西部的新皇帝，并且亲自为他们挑选了副皇帝和未来的接班人。他希望从此以后将罗马帝国皇帝的任期固定为20年。

作为人类历史上第一位自愿退休并且完全放弃权力的皇帝，戴克里先回到老家——今天克罗地亚的斯普利特（Split）。他在这里已经建好了一座200米长、170米宽的罗马军营似的宫殿。在这里，他像一个农夫一样种植卷心菜，自得其乐。当时西部皇帝马克西米安不安心过退休生活时，他写信劝告马克西米安：“来看看我家后院的卷心菜吧，就冲这个，也不值得再为权力斗争而劳心费神了。”公元312年，戴克里先在家乡去世。

斯普利特的戴克里先宫（作者：E. Hebrard和J. Zeiller）

斯普利特现状

13-6 争端再起

戴克里先的改革确实终结了过去很长时间罗马世界的衰弱和混乱。但是这样的改革也给罗马带来了新的问题。随着帝国体制的日益东方化，罗马传统的小政府、一人多能的体制优势荡然无存。四位皇帝各自为政的局面，使得臃肿低效的宫廷和官僚阶层开始形成。四大战区的设立虽然有助于分割处理不同方向的困难局面，但是军队也因为战区的限定不再能够有效调动，从而规模日趋庞大。与之相应，民众的税收负担也日渐加重。为尽可能逃避税负，公民的国家意识和服务意识越来越淡化。现在的罗马帝国越来越像是东方式的皇帝的国家，而不再是罗马公民的国家了。

即使是戴克里先个人引以为豪的继承方式也是不可持续的。戴克里先原本设想这样一种继承制度能够保证国家政权稳定交接。他希望每一位皇帝都能像他一样对权力有自制力。但他忽视了人的自私本性，也忽视了社会对世袭制的认同观念。在他退位后不多久，围绕皇位继承的争执再起。他不愿意再去过问政事，只有眼睁睁地看着他一手建立的制度被粉碎。罗马帝国重又陷入为争夺权力而引发的内战中。

引发争端的是第一代共治皇帝马克西米安的儿子马克森提乌斯（Maxentius）。由于戴克里先对世袭制的无视，马克森提乌斯不仅没有能够按照惯例成为他父亲的副手和继承人，而且到了第二轮四帝共治的时候，他也还是没有能够被安排上副皇帝的职位。马克森提乌斯的怨愤之情每日加深。公元306年，西方正皇帝君士坦提乌斯突然去世，他的副手塞维鲁（F. V. Severus，306—307年在位）

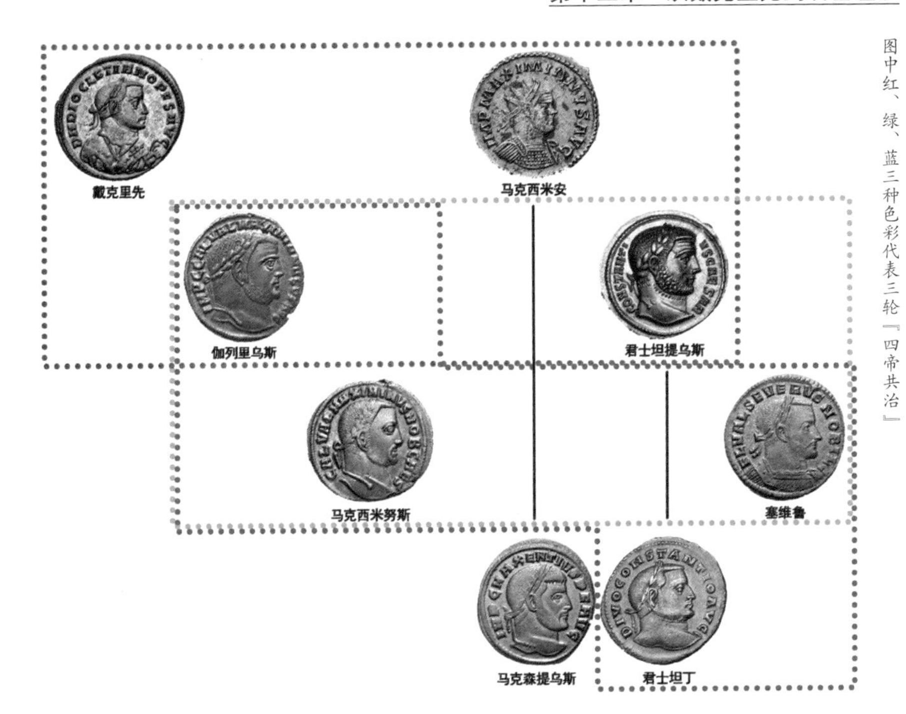

图中红、绿、蓝三种色彩代表三轮『四帝共治』

接班成为正皇帝。这时，君士坦提乌斯的儿子君士坦丁未经皇帝们协商，在军队的拥护下自行宣告成为副皇帝，并随后得到其他皇帝的追认。这下子，28 岁的马克森提乌斯忍无可忍了。他在父亲的暗中支持下占据罗马自立为帝。罗马帝国的皇帝混战开始了。

13-7

罗马的马克森提乌斯赛车场

阿庇亚大道旁的马克森提乌斯赛车场

马克森提乌斯自立为皇帝之后，为了赢得民心，就在罗马南郊的阿庇亚大道旁修建了一座新的赛车场——马克森提乌斯赛车场（Circus of Maxentius）。不过，还没等到这座赛车场全部建完，他就被君士坦丁打败。这座赛车场就此被荒废。

13-8

罗马的马克森提乌斯—君士坦丁巴西利卡

君士坦丁大帝

公元312年，君士坦丁击败马克森提乌斯夺取罗马，成为西方的唯一皇帝。而后在公元323年，他又击败统治东方的李锡尼，重新"统一"了罗马帝国。历史上称他为"君士坦丁大帝"（Constantine the Great，306—337年在位）。

公元308年，马克森提乌斯在维纳斯与罗玛神庙和罗马广场之间开始建造一座全新风格的巴西利卡。但这座建筑也没能够在他垮台之前建完。君士坦丁入主罗马后，在公元313年将其完工。后世将这座建筑称为马克森提乌斯—君士坦丁巴西利卡（Basilica of Maxentius and Constantine）。

马克森提乌斯—君士坦丁巴西利卡复原场景

这座巴西利卡采用混凝土交叉拱结构建造。虽然这种技术早就已经在图拉真市场和一些大浴场上应用，但还从未用于公共会堂建筑上。这座独特的巴西利卡长80.8米、宽59.4米。它的中厅部分由三个连续交叉拱组成，跨度达到25.3米，内部顶点高达36.6米。它的侧廊由三个筒拱组成，跨度为23.2米。整座建筑气势极为雄伟，是一座堪与万神庙相比的混凝土建筑奇迹。1000多年后，伯拉孟特（Bramante，1444—1514）在设计罗马新圣彼得大教堂的时候发下宏愿，要把万神庙的穹顶抬起来架到这座巴西利卡的屋顶上。这个愿望最终被米开朗琪罗

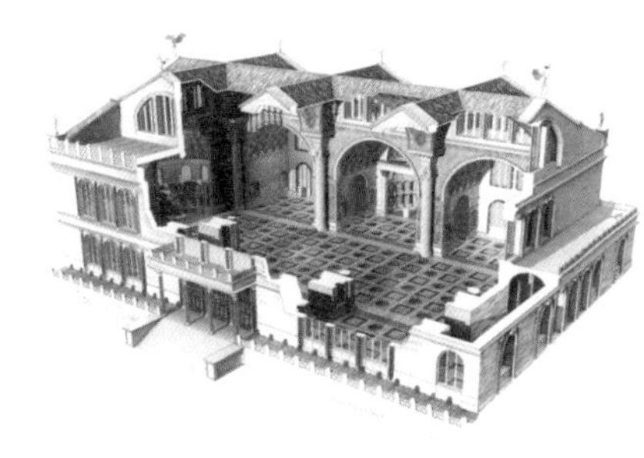

马克森提乌斯—君士坦丁巴西利卡（作者：A. R. di Gaudesi）

马克森提乌斯—君士坦丁巴西利卡内部（作者：N.S）

（Michelangelo，1475—1564）实现。

马克森提乌斯—君士坦丁巴西利卡遗迹

不过，这座巴西利卡的命运远不能与万神庙相比。在岁月和后人无情地摧残破坏下，它那宏伟的中央大厅早已坍塌，只剩北侧的侧廊残存，而表面的饰面石材早已被后人拆除一空。

13-9 罗马的君士坦丁凯旋门

罗马的君士坦丁凯旋门

为了纪念战胜马克森提乌斯，公元315年，君士坦丁在大角斗场西南方建造了一座新的凯旋门（Arch of Constantine）。它宽25.7米、高21米、厚7.4米，是罗马现存最高大的凯旋门之一。

不过，它上面的绝大多数雕塑和装饰件都不是专门制作的，而是从很早以前的图拉真、哈德良时代的建筑上拆过来的，以此作为继承和延续帝国光荣传统的见证。少数专门制作的雕像——比如两侧小拱门上方的横饰带，看上去则是粗制滥造，使这座凯旋门成为艺术史上最有争议的建筑物。

上方圆饰浮雕作于哈德良时代，下方横饰浮雕为君士坦丁的演说

对于这些君士坦丁时代的浮雕，历史上存在两种截然相反的评价。20 世纪之前的学者们普遍将它们视为粗制滥造的产物。与古典时代相比，这些浮雕中的人体已经明显失去了正确的比例关系。人物就像木偶一样存在。从前那种表现前后排和场景进深的技法也不再使用了，后排人物的脑袋几乎就像是架在前排人物的脑袋之上。人们悲哀地从中看到古代艺术的衰落。

君士坦丁凯旋门浮雕细节（一）

君士坦丁凯旋门浮雕细节（二）

英国著名历史学家 E. 吉本（E. Gibbon，1737—1794）在其传世名著《罗马帝国衰亡史》中这样写道：“君士坦丁的凯旋门至今仍是艺术衰落的可悲的见证和最无聊的虚荣的独特证明。由于在帝国的都城不可能找到一位力能胜任装点那一公共纪念物的雕刻家，竟然一不考虑对图拉

英国历史学家吉本

真的怀念，二不考虑于情理是否妥当，竟然将图拉真凯旋门上的雕像全部挖走。至于时代不同和人物不同，事件不同，性质亦不相同等问题，一概不予理会。新纪念碑上凡是古代雕刻留下空隙必须加以填补的地方，一望而知全是一些最粗劣、最无能的工匠的手艺。”[31]

这种认识在 19 世纪以后开始受到挑战。以英国艺术评论家 H. 里德（H. Read，1893—1968）、奥地利艺术史学家 A. 李格尔（A. Riegl，1858—1905）和德国艺术史学家 W. 沃林格（W. Worringer，1881—1965）为代表的新一代艺术史学家从全新的角度来认识以君士坦丁凯旋门为开端的中世纪艺术。

英国艺术评论家里德

里德指出：“每个时期的艺术都有自己的标准。”[32] 他反对将艺术评价与时代脱离，反对仅就某些方面的得失来评价一件艺术作品。他说：“在一定程度上，艺术是时代的产物。艺术不仅给人以纯然的艺术感受，而且给人以历史感受、宗教感受和审美感受。这些感受的获得不应（仅仅）归因于艺术家的创造力。把艺术孤立起来的作法，会使我们只注意形式和色彩因素，而忽视了其他一些方面。”[33]

李格尔认为："就美而言，我们的确失去了比例。然而，在比例丧失之处，我们发现了另一种形式的美。"那就是作者的"独立的艺术意志"[34]。

奥地利艺术史学家李格尔

沃林格赞成李格尔有关"艺术意志"的观点。他认为，制约所有艺术现象的最根本和最内在的要素就是人所具有的"艺术意志"。"艺术意志"是所有艺术现象中最深层、最内在的本质。"每一种风格形态，对从自身心理需要出发创造了该风格的人来说，就是其意志的表现。因此，每一种风格形态，对创造该风格的人来说，就表现为一种最大程度的完满性。""人们具有怎样的表现意志，他就会怎样地去表现。"[35]每部艺术作品就其最内在的本质来看，都只是艺术意志的客观化。所以他认为，艺术史不应该是技巧的演变史，而应该是意志的演变史。"从心理学角度来看，技巧是第二性的东西，它只是意志所导致的结果。因此，我们不能把往日特定风格的消失，归之于缺乏某种技巧，而应归之于产生了不同的意志。"[36]

德国艺术史学家沃林格

在人们能够与自然和谐相处的时候，比如在希腊时代，人们能够从自然中得到美的愉悦。这种态度表现在艺术作品上，就体现为追求有机生命和真实之美。而在罗马帝国后期的社会剧烈动荡中，当人们不再能以一

君士坦丁凯旋门浮雕带

种安逸的心态面对外在世界，不再能将自身沉潜于外物之中，也不再能从外物中玩味自身——也即所谓“审美移情”的时候，时代的“艺术意志”就发生转移。

君士坦丁凯旋门浮雕表现了这个时代的“艺术意志”，那就是秩序和服从。当人们观看这件作品时，他的目光不再被个别人物的“自然之美”所转移。他所看到的和感受到的，是对端坐中央的皇帝的绝对服从和拥护。换句话说，他所看到的和感受到的是一种抽象的概念，那就是“秩序”和“服从”。雕塑中的那些人物并不是要去再现某一些特别的个人。他们就好比京剧舞台上跑龙套的，三五个人就能代表千军万马。他们象征着而不是再现着君士坦丁宝座下的群臣。在这里，人物的个性不再重要，相邻人物之间的联系和透视关系也不再重要，而表现技法就更不重要。在这里，重要的是这些人物都簇拥着皇帝，重要的是要让我们这些观众知道，我们都要像雕塑里的人物那样去拥戴皇帝。这个抽象的“概念”和“意志”才是最重要的。雕塑艺术从这里开始进入一个新的时代。

13-10

新罗马——君士坦丁堡

公元 330 年，君士坦丁做出了一个改变西方世界历史进程的重大决定——迁都拜占庭（Byzantium）。

拜占庭是一座有着悠久历史的希腊殖民城市，地处欧亚交界线，扼守着黑海与地中海的交通咽喉，三面临海，地势险要，易守难攻。由于这里靠近帝国最富庶的东部地区，特别是靠近最令帝国头疼的东方强敌，战略地位十分重要。经过深思熟虑，君士坦丁决定迁都。他骑上战马，亲自为未来的首都划定城墙位置。他要让这座城市——从现在起被称为君士坦丁堡（Constantinople）——变成新罗马，以取代那座不再适应新时代的旧罗马。

这座新首都拥有旧罗马所拥有的一切：巨大的广场、宫殿和竞

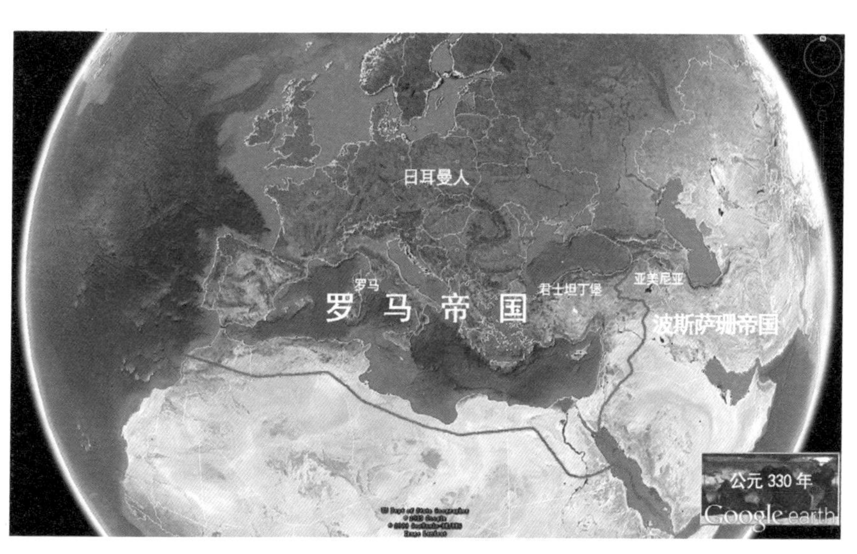

罗马帝国（公元 330 年）

技场。但是在这里，人们却很少能见到传统的神庙。人们所见到最多的，并且还在越来越多的，却是一种以前从未有过的建筑——基督教堂。西方历史即将由此进入转折的十字路口，罗马的辉煌已经被抛在身后，一个全新的基督教时代即将来临。

君士坦丁堡复原图（作者：J. D. C.Pena）

第六部

帝国落幕

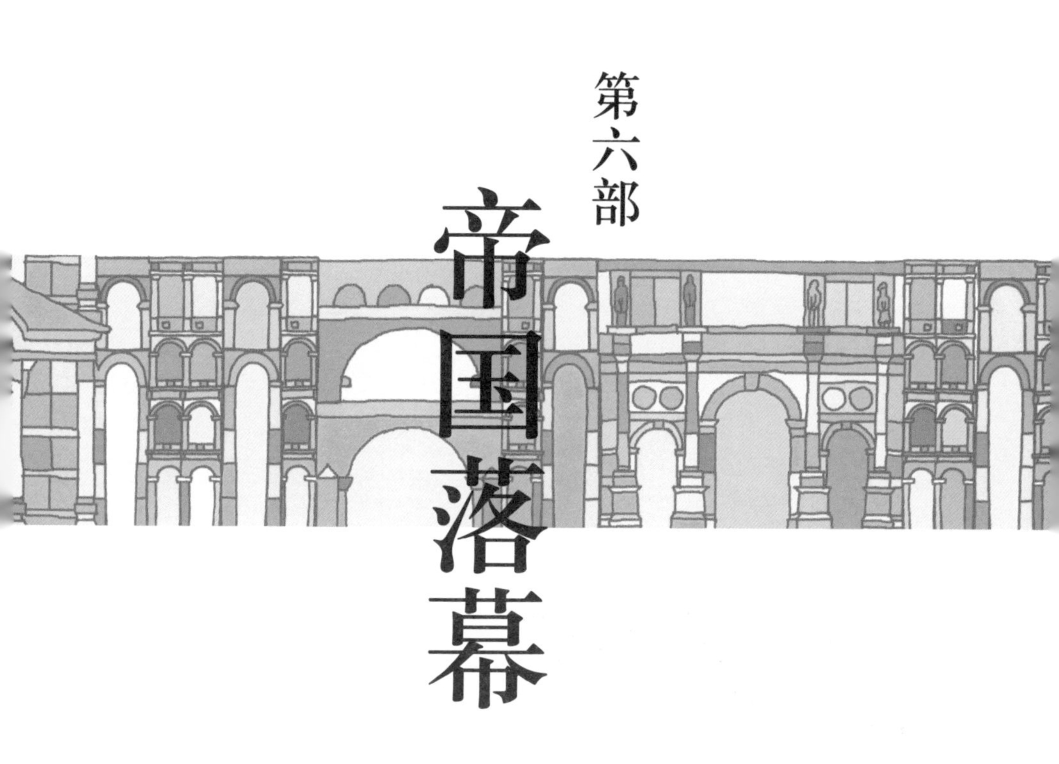

第十四章　基督教的胜利

“他的力量将与日俱增。”

14-1 基督教的诞生

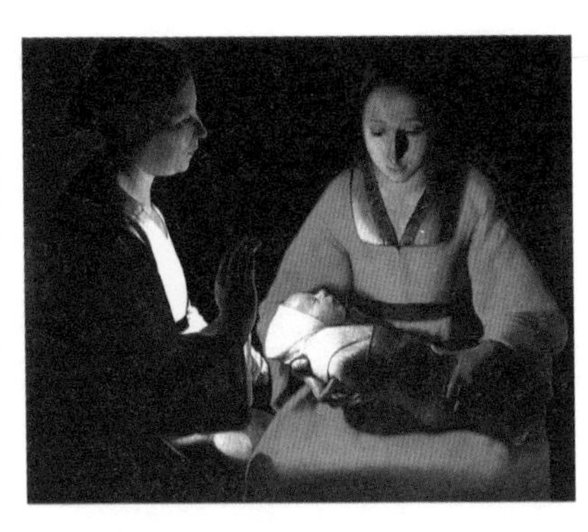
耶稣诞生（作者：La Tour）

还在罗马帝国的全盛时期，基督教就已悄然诞生。

大约在公元前5年㊀，奥古斯都当政的时候，在罗马帝国的附属国犹太王国城市伯利恒一家客栈的马槽里诞生了一个小男孩。身为木匠的父母给他取名“约

㊀ 公元6世纪时，教士狄奥尼修斯（Dionysius，？—约540）在编撰新的教会年历表时将起点即耶稣诞辰日计算为罗马建城后754年，他的这一年历表很快被各基督教国家作为年历加以采用，并进而推广成为“公历”。但近代研究表明，耶稣诞辰时间应该在罗马建城后748年或750年之间，即公元前6—公元4年之间，但此时再来更正公元纪年体系这一初始的基本错误为时已晚。

书亚”，一个犹太人常见的名字，意思是“耶和华救世主”，希腊人将它读作“耶稣”。

伯利恒的圣诞教堂，建造在耶稣诞生之处（作者：M. Vorobiev）

耶稣生活在犹太人思想动荡的时代。国破家亡的犹太人为争取重获自由而一刻不停地与强加于他们的外来统治者斗争，但每次挣扎都只会换来更大的压迫和苦难。很多犹太人将他们的希望寄托在预言家们所宣称的救世主弥赛亚的降临上，希冀这位弥赛亚能够带领犹太人征服异教徒，重建以色列的辉煌。

基督受洗（作者：Francesca）

大约 30 岁的时候，耶稣接受了犹太传教士约翰（即施洗约翰，耶稣的表兄弟）的洗礼，开始宣扬天国之道。

他在一次传教中引用《旧约圣经》中的话说：“主的灵在我身上，因为他用膏膏我，叫我传福音给贫穷的人。差遣我报告被掳的得释放，瞎眼的看得见，叫那受压制的得自由，报告神悦纳人的禧年。”（引自《新约全书·路加福音》第四章）许多人相信他

施洗约翰指着耶稣坚定地宣布：『他的力量将与日俱增』。（作者：M. Grunewald）

耶路撒冷的圣墓教堂，中央小教堂建造在当年埋葬耶稣的洞窟上

就是上帝的儿子，是弥赛亚，是基督（弥赛亚的希腊语），他来到世上是为了把人们从罪恶和错误中拯救出来。越来越多的人开始追随他。而与此同时，犹太教的祭司们却开始憎恶他。他们认为耶稣的思想亵渎了犹太教的戒律，威胁到了他们的利益。他们还担心耶稣口口声声宣扬的天国降临之类的传教会招致罗马当局的疑虑，从而破坏犹太人仅有的一点安宁。公元30年，犹太祭司和当地的统治者勾结起来，将耶稣逮捕并处死。

四使徒（作者：丢勒）。左边为福音书作者约翰和手持天堂钥匙的彼得，右边为福音书作者马可和保罗

耶稣死后，他的信徒们开始广泛传播他的思想。他们宣称耶稣是以自己的死为世人赎罪，他不单要拯救犹太人，而且要拯救全世界的人，使凡信耶稣基督的人得享永生。在传教士们的努力下，从耶路撒冷、小亚细亚、希腊直到罗马，越来越多在罗马帝国开始走下坡路之后对现实生活感到迷茫、失去了生活的信心和希望、渴望在教会的组织中抱团求暖的民众，投入了主张上帝面前人人平等和永生天国的基督教

的怀抱。

14-2 杜拉欧罗普斯的住宅教堂

基督教兴起之初，基督徒们常常在一些有条件的信徒家中聚会做礼拜。叙利亚的杜拉欧罗普斯（Dura-Europos）古城有一座现存最古老的教堂遗址，约建于公元241年。它是由普通住宅改造成的，其中的壁画残片现在由耶鲁大学美术馆收藏。

杜拉欧罗普斯的住宅教堂，壁画由耶鲁大学美术馆收藏

14-3 罗马的殉道者墓窟

初生的基督教面临巨大的生存压力。一方面，犹太祭司指责基督徒背弃摩西戒律，与犹太教渐行渐远；另一方面，基督教唯一神的信仰与罗马社会多神教特别是皇帝崇拜之间有着不可调和的矛盾。在这种宗教冲突

圣司提反殉教（作者：G. Dore）司提反是第一位殉教的基督徒

中，有一些虔诚的基督徒为信仰而殉教，他们的墓地也成为基督徒聚会礼拜的纪念场所。

罗马的地下墓室群

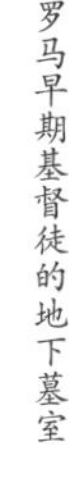

罗马早期基督徒的地下墓室

在共和国时期，罗马人主要的丧葬形式是火葬。从图拉真时代开始，土葬的观念日益占据上风。由于罗马郊区的火山灰地质十分适合挖掘地下通道，从公元1世纪起，罗马人就在这里开挖地下墓室。这些地下墓室有的有好几层，相互间以地道连接，四通八达，甚至绵延长达几十公里。

基督徒反对火葬，所以这种地下墓葬方式对他们来说非常适合。其中殉教者和教会重要成员的墓室特别受人敬重。基督徒常常在此举行聚会，以缅怀死者，同时鼓舞信徒坚定信仰。

14-4 基督教——罗马帝国国教

随着不断出现知识阶层和富裕人士被吸收入教，基督教的政治和经济影响力日益增大。公元313年，君士坦丁大帝下令允许基督教徒公开信教。据说他在同马克森提乌斯决战的前夜，梦见基督指示他将基督教的凯乐符号（由希腊字母X和P交叉构成，代表希腊文基督XPIΣTOΣ，英文读作Chi-Rho）涂写在自己的铠甲和士兵的盾牌上。他照做了，结果取得了这场至关重要的战役的胜利，并最终成为帝国唯一的主人。托梦的事情不必深究，很显然，君士坦丁是充分认识到当时已有一定群众基础（大约已占帝国总人口的二十分之一到十分之一），特别是有着其他宗教所不具有的较强有力的组织系统的基督教，能够在他夺取政权和巩固政权时起到巨大的作用。

公元4世纪罗马雕塑中的凯乐符号

战争结束后，君士坦丁发布有关宗教宽容的《米兰敕令》，确立了基督教的合法地位。他出资修建了罗马帝国第一批大教堂，并于临终前受洗成为一名基督徒。经过与罗马帝国皇帝将近300年的斗争，基督赢得了最终

君士坦丁受洗（作者：G. Penni）

的胜利。

公元388年制作的银盘，中央为皇帝狄奥多西一世

公元394年，皇帝狄奥多西一世（Theodosius I，379—395年在位）发布法律使基督教成为罗马帝国国教，同时禁止除基督教外的所有异教活动。绝大多数的希腊、罗马神庙都在随后的几年中遭到了毁灭性破坏。

这是西方文明发展史上最重大的一次转折。1000年来一直秉承以人为本思想的西方社会由于社会动荡、人民迷信等各种因素的共同作用而发生了180度的大转变，转而以东方犹太人的上帝为中心。从此，这个唯一的全能的上帝主宰了西方社会人类生活的一切，基督教信仰取代了人的一切喜怒哀乐，基督教艺术成为唯一的艺术，基督教建筑也成为西方世界几乎唯一重要的公共建筑类型。

14-5 罗马——基督教世界的首都

早在戴克里先时代，罗马就已经不再作为帝国的行政首都，西部帝国的皇帝驻扎在米兰。而君士坦丁堡的建立更是永久取代了罗马首都的地位。但是，罗马依旧是一座最重要的城市，虽然它不再是世俗帝国的中心，但却成为基督教世界的中心。当世俗社会天翻地覆的时候，基督教的中心始终如一。

随着基督教信徒数量的增加和信教地区的扩大，对教徒的管理以及对教义思想的统一等问题很快就成为基督教的头等大事。还在公元 2 世纪，主教制的雏形就已形成。主教（Bishop）是指对一定区域教会进行监督管理的神职人员。一个教区往往建有多座教堂（church），其中只有一座拥有教区主教之座，地位居全区各教堂之首，称为“主教座堂”（Cathedral），或称“大教堂”。随着教会的发展和完善，特别是在成为国教之后，基督教会借鉴罗马帝国行政管理的等级制度，形成了自己的一套特别体制，在主教之上又形成了大主教（Archbishop，管辖若干个教区的主教）、宗主教（Patriarch）等更高等级。全体基督教会的管理事务由五个最重要城市的主教主持，他们分别位于帝国的两个首都罗马和君士坦丁堡，以及圣城耶路撒冷、负责非洲教务的埃及亚历山大和负责东方教务

基督教会的五大宗主教

的叙利亚古都安条克（Antioch，今属土耳其），他们被称为宗主教。

当帝国在公元4世纪末分裂的时候，君士坦丁堡、耶路撒冷、亚历山大和安条克由于位于东部帝国，仍然受到皇帝强有力的节制。只有罗马位于西部帝国。当西罗马帝国崩溃，皇帝的权威丧失之后，罗马宗主教由于宣称自己是耶稣十二使徒之首彼得的继承人，而逐渐成为西方世界享有最高权威的人，直至被视为教皇（Pope）[㊀]。他的这个权威得到《圣经》的有力支持。《新约全书·马太福音》第十六章耶稣对彼得说："你是彼得，我要把我的教会建造在这磐石上。阴间的权柄不能胜过他。我要把天国的钥匙给你。凡你在地上所捆绑的，在天上也要捆绑。凡你在地上所释放的，在天上也要释放。"罗马教皇就以这句话为依据，宣称由圣彼得亲自建立的罗马教会理应位居各教会之首，罗马理应是整个基督教世界的首都。

14-6 罗马的老圣彼得巴西利卡教堂

公元313年，君士坦丁宣布基督教合法化之后，第一批基督教教堂就在罗马建造起来。

与传统神庙不同，基督教的"神殿"——教堂——并不是用来保藏上帝偶像的建筑，也不是上帝的住所，而是基督徒举行聚会、礼拜和祈祷等活动的场所，是专门为它准备接待和进行精神感召的人们所设的。正因为这样一种特殊的信仰要求，基督徒在获得官方

㊀ "Pope"一词的本意是"爸爸"，早期教会中用这个词来尊称高级教职人员，后来在西部教会，这个词逐渐为罗马主教所独占，并演绎出君主的含义。

的正式承认之后，面对周围仍然居大多数的异教敌对势力，在无先例可循的情况下，选择罗马会堂建筑巴西利卡这样一种较少带有异教印迹的建筑类型来作为他们的公开活动场所。

公元 315 年，君士坦丁在台伯河西岸原卡利古拉赛车场附近的使徒彼得墓地上建造了老圣彼得巴西利卡大教堂（Old St. Peter's Basilica）。这是一座五廊身的大型巴西利卡，四列柱子将空间纵向分为五个部分，其中长达 122 米的中厅又高又宽，高出的部分开设侧窗用以采光。除了最外道侧廊外，主要的屋顶都采用传统的木桁架构造。相比之下，差不多就在同一时期建造的君士坦丁巴西利卡会堂采用的却是混凝土交叉拱技术。由于这种木构屋顶的做法被以后其他基督教巴西利卡所效法，这就使得罗马大型拱顶技术发展就此中断，直到 700 年后才得以复兴。而混凝土技术也由此失传，一直要到 19 世纪才重新被欧洲工程师发明出来。

大教堂中厅的尽端是半圆形圣坛（choir），其间设有祭坛（altar），

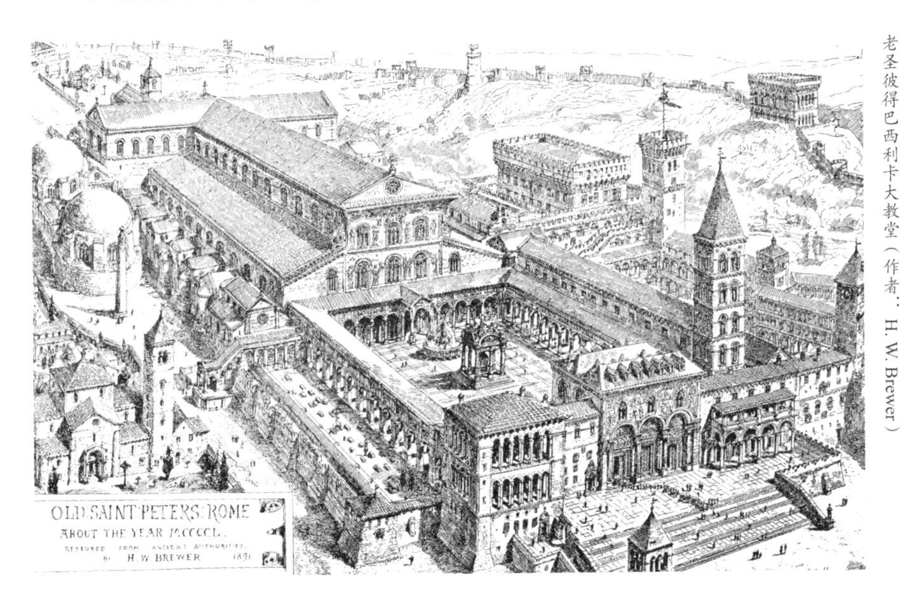

老圣彼得巴西利卡大教堂（作者：H. W. Brewer）

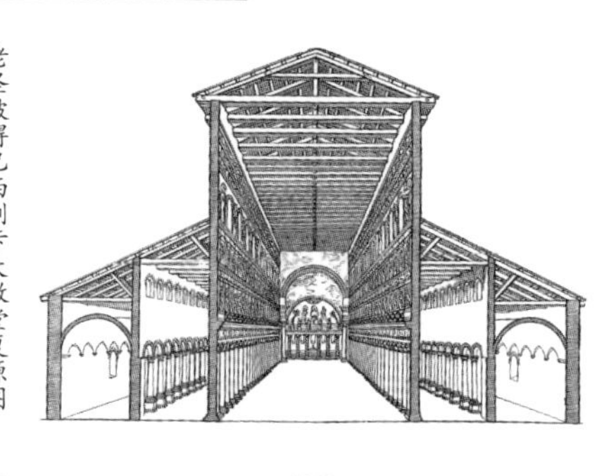
老圣彼得巴西利卡大教堂复原图（作者：C. Fontana）

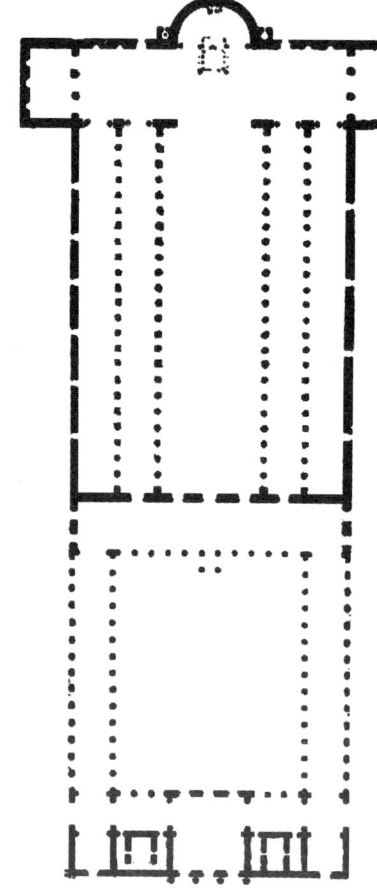
老圣彼得巴西利卡大教堂平面图

以后还会在此设立唱诗班席位。在圣坛与中厅之间有一条横向的空间，称为横厅（transept），两端分别用作祭具室和圣餐贮藏室。横厅是一种与传统巴西利卡不同的新设计，由它与圣坛和中厅相交所形成的十字形㊀，对基督徒来说象征着耶稣受难的十字架，因此深受教会和教众的推崇，几百年后成为西欧教堂的主要型制，称为拉丁十字巴西利卡。

大教堂的前面还有一个柱廊环绕的前院（Atrium），院中央设有洗礼用的洗礼池（Baptismal Font）。洗礼是基督教徒入教时必经的仪式。早期行洗礼时，新入教者需要将全身浸入水中，称为浸礼。因而教堂旁往往会设有一个较大的浸礼用水池。由于浸礼方式有诸多不便之处，后来洗礼式逐渐改为在头上注水施洗。

这座宏伟的大教堂在建成后一直是基督教世界最大和最重要的建筑之一，后来在16世纪初被拆除，由新的圣彼得大教堂所

㊀　这种十字形的竖条较横条长许多，一般称为拉丁十字（Latin Cross）。

取代。

14-7 罗马的墙外圣保罗教堂

君士坦丁时代的教堂大多都建造于罗马城墙外远离传统神庙的地方，反映了当时作为少数派的基督徒与多数派非基督徒之间的矛盾和对抗。也是由君士坦丁开始建造的墙外圣保罗教堂（Basilica of Saint Paul Outside the Walls）位于罗马南城墙之外使徒保罗的墓地上。其内部柱列采用拱券构造，非常有节奏感，仿佛一系列喷起的水柱在空中划出优美的弧线，曾被认为是罗马最漂亮的教堂。它在 1823 年被大火焚毁，后于 1840 年尽量依原样重建。

这座教堂也是一座五廊身的大型巴西利卡。它的平面布置与

19 世纪被焚毁前的墙外圣保罗教堂（作者：G. B. Piranesi）

老圣彼得巴西利卡大教堂大体相同，但作了一个明显的变化，将圣坛的方向设在东方，反映了基督徒以阳光每天的复出作为基督复活象征的信仰。这个变化为后世绝大多数教堂所继承。由于教堂在很长时期里一直是西方城镇中最高大的建筑物，在城镇民宅普遍的混乱无序中，它的明确朝向仿佛是给居民指示了方向，如同牧羊人在召唤着他们的羊群——耶稣就曾将上帝比喻为一个爱护自己羊群（信徒）的牧羊人。

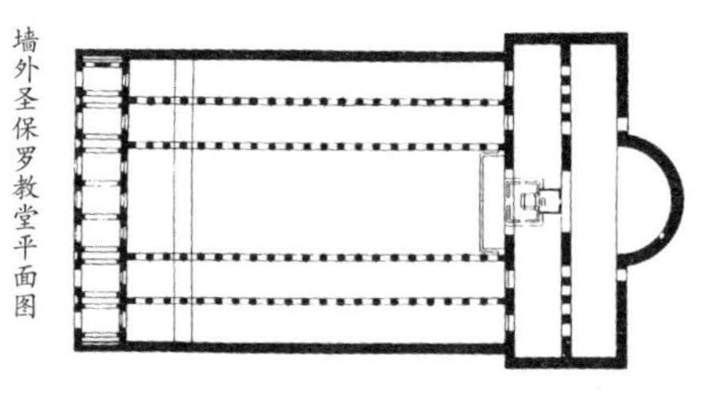

墙外圣保罗教堂平面图

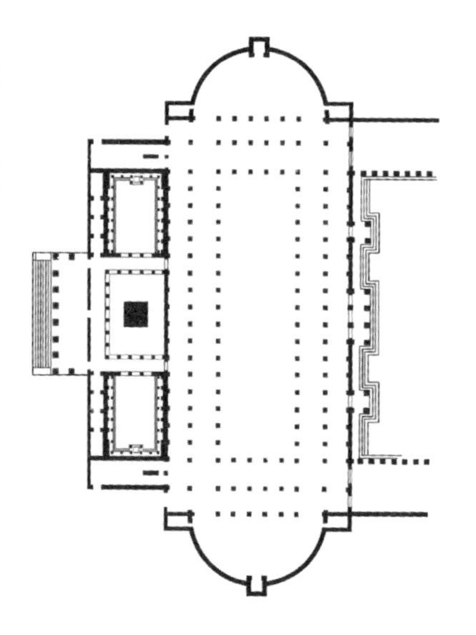

图拉真巴西利卡平面图

同样是巴西利卡，基督教巴西利卡与罗马会堂巴西利卡给人的感受有实质上的不同。罗马会堂巴西利卡的入口一般设在长边的中部，而基督教巴西利卡的主要入口却设在短边上，与之相对的半圆形凹室成为圣坛，教士站在这里向教徒们传经布道。这样的一种改动，就使人对巴西利卡内部空间的感受产生了根本的变化。罗马广场的会堂巴西利卡是前后左右完全对称的，你从宽广的一边走进去，感受到的是一个静态的对称空间。你可以赞美它，但它仿佛与你无关。不论你是否注意它，它都是那副超然的模样。而基督教的巴西利卡式教堂则不同。当你从短边的入口进去之后，视线立刻就会被几乎无处不在的由整齐排列的天花、窗框、墙角和长椅等所形成的透视线吸引到圣坛。在那里，牧师正站在象征耶稣受难的十字架下朗读经文。你会不由自主地随着人流走上前去，接受牧师代表上帝所做的赐福。这样一种透视的感觉你在平面图上是无论如何也想象不出的，只有身处其中的人才能够感受到。在这样的空间中，一切都是为使用的人而设计的，基督徒是这个空间不可分割的组成部分。这是基督教教堂与包括神庙在内的传统建筑最重大的差别。

图拉真广场巴西利卡（作者：J. Packer）

墙外圣保罗教堂

墙外圣保罗教堂圣坛

14-8 罗马的大圣母玛利亚教堂

罗马的大圣母玛利亚教堂内部

大圣母玛利亚教堂（Basilica di Santa Maria Maggiore）是罗马现存最古老的巴西利卡教堂，相传是罗马教皇黎贝留（Pope Liberius，352—366年在位）在公元352年下令建造的。在那一年夏天，罗马竟然奇迹般地降下雪花。这座教堂就建造在降雪的那个区域，所以又被称为“白雪圣母玛利亚教堂”[㊀]。公元432年，教皇西斯图斯三世（Pope Sixtus III，432—440年在位）重建了教堂，并较好保存至今。

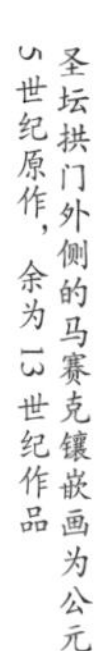

圣坛拱门外侧的马赛克镶嵌画为公元5世纪原作，余为13世纪作品

这是一座三廊式巴西利卡建筑，内部空间的聚焦感十分强烈。中厅高起的侧墙由梁柱构造支撑。中厅墙面以及圣坛的穹顶表面都用马赛克拼镶出旧约故事的内容。由于小块马赛克间的间隙比较宽，因而画面的砌筑感很强。在大面积进行马赛克镶嵌时，

㊀ 每年8月5日，大圣母玛利亚教堂内都会举行仪式纪念这一奇迹，到时会有成千上万的白色花瓣像雪花一样从天而降。

为了保持画面色调的统一，有时会在玻璃马赛克后面先铺上一层底色。马赛克的表面有时也会有意做成各种不同方向的微斜，以营造在光线照射下明灭闪烁的效果。

这样的装饰画除了用于装饰的目的之外，主要还用于辅助说教。由于普通教徒大多生活在社会的底层，没有多少文化知识，因而把基督教教义用图解的方式加以表达以供普通教徒理解是很有必要的，得到了包括教皇在内的教会上层人士的支持，成为这个时期教堂内部装饰的主要特点。

大圣母玛利亚教堂圣坛局部

14-9 罗马的圣科斯坦察教堂

除了巴西利卡式以外，早期的基督教也有部分采用具有纪念性特征的集中式平面布局。

罗马的圣科斯坦察教堂

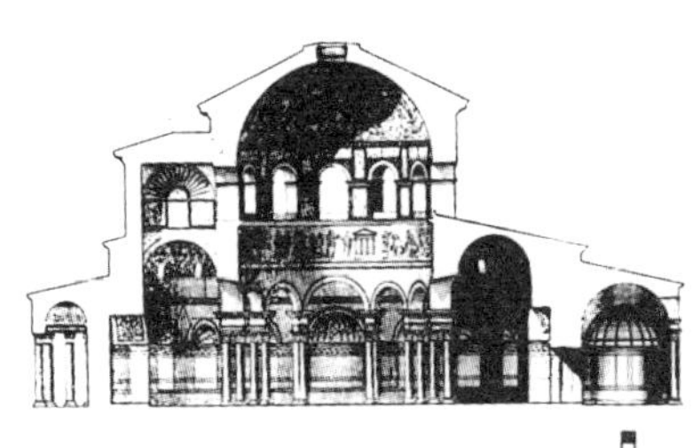

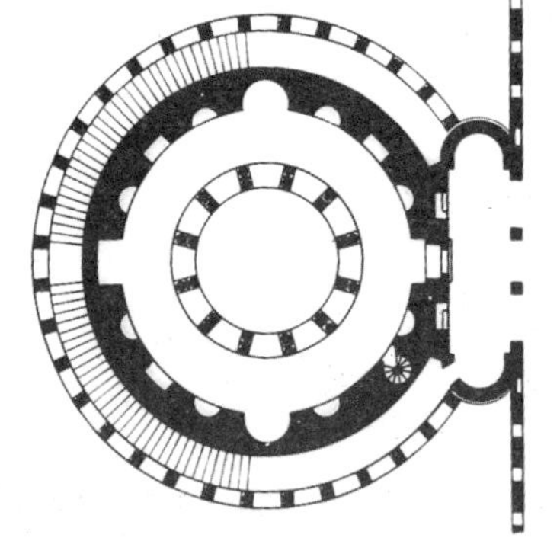

圣科斯坦察教堂结构图

大约建于公元330年的罗马圣科斯坦察教堂（Santa Costanza）是一座有名的早期集中式教堂。它原是作为君士坦丁大帝的女儿科斯坦察的陵墓，但很快被改用为基督教洗礼堂，13世纪后成为教堂。

这座建筑的中央是一个高耸的穹顶空间，周围环以较为低矮的走廊，两者间由向心排列的双柱所分隔，双柱上方的短梁指向中央空间的中心，具有很强的向心性。在外围走道中环绕中央空间运动的人流，不论走到哪里，视线都被双柱和短梁确定无疑地引向中央；而通过同样的双柱和短梁，中央空间也实现了与外围空间的交往。这是一个双向的联系，只有人在其中的时候，这种空间流动的感觉才能被体会出来。人已经成为这个建筑空间的有机组成部分。同前述巴西利卡教堂的改变一样，它再次表明建筑内部空间——而不是外表，已经成为建筑艺术表现的主角。

圣科斯坦察教堂内景

圣科斯坦察教堂环廊拱顶

在环形拱廊的顶部，保留有

完好的公元 4 世纪的镶嵌画，非常珍贵。

14-10 罗马的圣司提反圆形教堂

公元 470 年建造的圣司提反圆形教堂（Santo Stefano Rotondo）是罗马帝国时代在罗马建造的最后一座大型建筑。它是一座纪念性建筑，采用一种将集中式与希腊十字式相结合的非常特别的布局形式。

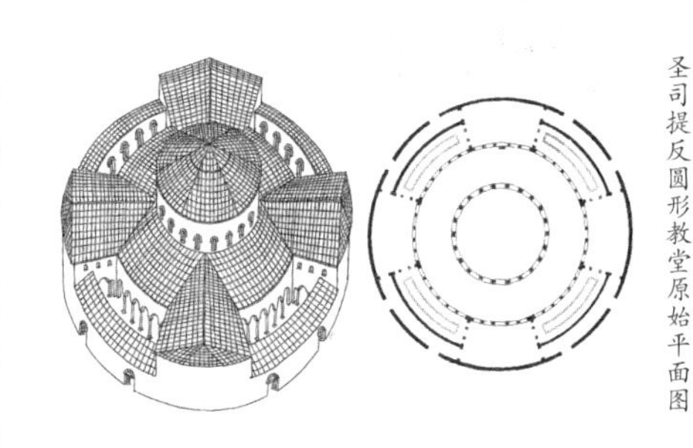
圣司提反圆形教堂原始平面图

它的平面布局后来发生了较大变化。环形围墙上的 34 幅壁画是 16 世纪的作品，表现的是早期基督徒遭受迫害的场景。

圣司提反圆形教堂内部现状

14-11 修道院

修道院（Monastery）是基督教发展过程中建立起来的

一种特殊信教团体。

隐士（作者：Gerard Dou）

在基督教合法化之前，一些基督徒为了躲避异教信仰的世俗社会而隐居深山荒漠，禁欲苦修。这股风气在基督教合法化之后并没有终止，许多虔诚的信徒和教士仍然继续提倡禁欲隐修。有些隐修士甚至靠残酷自虐来证明其宗教热情，比如有的人长时间住在山洞或沼泽里，任由毒虫侵咬；有的人连续七年不吃煮过的东西；有的人连续数十年不曾躺下睡觉。

『柱头修士』圣西门

早期的隐修士中最出名的一位名叫西门（St. Symeon Stylites，约 390—459）。他曾在叙利亚阿勒颇（Aleppo）附近竖立了一根 18 米高的柱子，然后就在狭小的柱头顶上苦熬了 37 个酷暑和严冬，被称为“柱头修士”。后来人们在这个地方修建了一座教堂以示纪念，这座教堂以及其中那根柱子的遗迹今天还可以看到。

圣本笃

这样一种残酷自虐的方式显然是不大合适的。在罗马帝国东部地区，另外一种较为温和的集体隐修方式逐渐得到提倡和推广。公元 529 年，圣本笃（St. Benedict，约 480—547）在意大利中部的卡西诺山（Monte Cassino）创立了第一个主张集体隐修的组织本笃会（Benedictine Order）。一批自愿为基督教献身的修道士们聚集在一起，承诺抛弃所有财产、永不结婚，在一个与世俗社会隔绝的修道院里刻苦地研习教义，并且自己耕作和制造大部分日用品，过着自给自足的清苦生活。修道院中除了建有供修士们使用的教堂外，还会建有宿舍、食堂以及图书室等。

埃及西奈半岛的圣凯瑟琳修道院是现存最古老的修道院，建于公元6世纪中叶

起初，修道院大都位于偏僻的乡村或者人迹罕至的荒郊野岭。后来为了获得必要的资助，有些修道院开始修建在城里，有的甚至通过各种方式获得了大量钱财地产。

在中世纪早期的战乱年代，修道士们设法保存了许多古典文化遗产，成为西方文化的重要传承者。中世纪以后，许多修道院特别是西欧的修道院积极投身于对外部世界的传教事业，成为一支不可忽视的政治力量。

第十五章 分裂与中兴

〖西方传来令世间恐怖的消息。〗

15-1 罗马帝国的分裂

罗马帝国衰落的原因一直是历代历史学家争论的话题。在外部蛮族不断侵扰的同时，执政者的应对措施屡屡失当，罗马人的公民意识不断沦丧，这些都是重要原因。而基督教的崛起在其中也扮演了催化剂的角色。在基督教合法化之前，罗马政权与基督徒之间的冲突主要体现在基督徒不服从帝国权威上。在那个时代，一心一意期待末日审判和天国永生的基督徒从一开始就从内心里敌视这个人间帝国。他们尽管从来没有通过暴动或者恐怖活动等极端方式来试图推翻罗马政权，但却以逃避出任公职和拒绝服兵役来消极反抗。在他们看来，虽然生活在同一个国家却不肯相信他们的上帝的人，比起那些野蛮人侵者来说是更可恶的敌人。在罗马社会宗教宽容的总体气氛中，尚不知道宗教宽容为何物的基督教就像病毒一样在帝国的肌体内部不断地复制增长，最终瓦解了罗马社会的根基——罗马人的公民意识。越来越少的人愿意靠自己的努力、拼搏、奋斗去战胜困难、掌控命运、寻找光明；越来越多的人情愿把自己的命运交给一个主宰一切的神，或者是东方式的专制帝王。公民和法制的罗马最终让位给了基督教的中世纪。

主要依靠罗马公民的自豪感支撑起来的罗马世界大一统局面到公元 3 世纪末已经难以继续下去了。从公元 286 年戴克里先时代起，罗马帝国就被分割成若干个部分以便分别治理。君士坦丁时代虽然一度实现了统一，但在他去世之后又恢复了多帝共治的做法。公元 395 年，最后一位统一帝国的皇帝狄奥多西一世去世后，他的两个儿子霍诺里乌斯（Honorius，西罗马帝国皇帝，395—423 年在位）和阿卡狄乌斯（Arcadius，东罗马帝国皇帝，395—408 年在位）又一次将罗马帝国一分为二，从此再未完全统一。

罗马帝国的分裂（公元 395 年）

15-2 蛮族入侵

罗马帝国分裂之后，东罗马帝国在经济贸易较为发达的东方继续生存下去，而早已被腐化侵蚀得体无完肤的西罗马帝国无力抵抗来自北方蛮族的入侵而土崩瓦解。

应该说，这些野蛮人最初是不请自来迁徙到他们所仰慕的罗马帝国边界一带定居的。他们被罗马皇帝接纳为雇佣军，以弥补罗马人因公民意识沦丧和腐化堕落而失去的战斗力。他们早先也安于此境，可如果雇主的财富不能满足他们的要求，他们就开始动用自己唯一的财富——武力——去掠夺。而一旦动用武力能够尝到更大的甜头，就一发不可收拾了。一群又一群的游牧民族潮水般地涌过边界，高卢、不列颠、西班牙、非洲相继沦陷。公元410年，整整

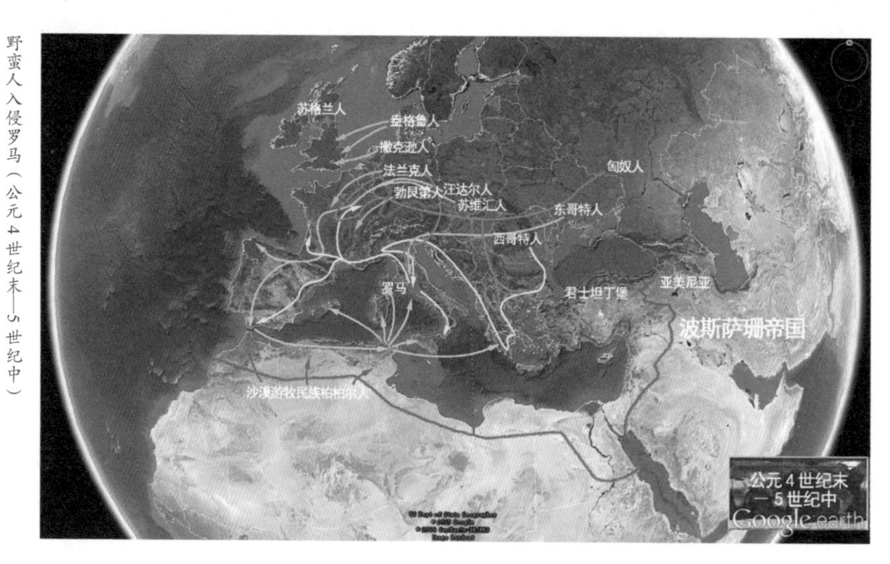

野蛮人入侵罗马（公元4世纪末——5世纪中）

800 年从未被外敌征服过的罗马城被以西哥特人（Visigoths）为首的十万蛮族大军攻陷。

哥特人洗劫罗马（作者：J. Sylvestre）

正在巴勒斯坦将《圣经》翻译成拉丁语的基督教圣贤圣哲罗姆（St. Jerome，347—420）在给友人的信中这样写道："西方传来令世间恐怖的消息。……现在正在口述此信的我，声音因悲痛而颤抖，泪如泉涌，咽喉哽咽，出声不得。这座称霸世界、把全世界置于自己统治之下的城市，如今却屈膝在蛮族面前。上帝啊！无信仰的暴徒把手伸向了您的财产，冒渎了您建设的神殿。"[37]

圣哲罗姆（作者：D. Ghirlandaio）

圣哲罗姆说得不够准确。参与洗劫如今已经是基督教帝国首都罗马的确实有很多是那些不信仰基督教的蛮族，但是带领他们前来的却是已经信奉了基督教的西哥特人。当基督徒用他们的教义取代罗马人的公民意识和法律的时候，罗马帝国就已经不复存在了。

15-3 拉韦纳的普拉西提阿陵墓

加拉·普拉西提阿

罗马城沦陷之时，西罗马帝国霍诺里乌斯皇帝的妹妹加拉·普拉西提阿（G. Placidia，392—450）被俘，然后嫁给了哥特军首领。在爱情的引导下，她的哥特丈夫摇身一变成为罗马的忠实同盟，带领蛮军离开意大利前往高卢和西班牙与其他蛮族作战。丈夫去世后，普拉西提阿又嫁给一位罗马将军。公元425年，在哥哥去世后，她的儿子成为皇位继承人。她临朝摄政长达25年，成为乱世中的一位女中豪杰。

拉韦纳的普拉西提阿陵墓外观

普拉西提阿生活的时代，西罗马帝国皇宫已经从米兰迁到亚得里亚海西北海岸沼泽地里建造起的易守难攻的拉韦纳（Ravenna）。她挽救不了注定灭亡的国家，但却为拉韦纳留下了一件艺术杰作——一座安葬全家人的陵墓（Mausoleum of Galla Placidia）。

普拉西提阿陵墓内景

这座十字形陵墓从外观上看毫不起眼，却以其内部堪称意大利最精美的镶嵌画而闻名天下。

15-4 西罗马帝国灭亡

公元 476 年，西罗马帝国最后一位皇帝，以传说中罗马建国者和罗马帝国创立者这两位传奇人物的响亮名字作为自己名字的罗慕路斯·奥古斯都（Romulus Augustulus，475—476 年在位）在混乱中被赶下台。控制朝政的蛮族军事首领奥多亚赛（Odovacer，约 433—493）名义上尊遥远的东罗马帝国皇帝为整个罗马帝国的皇帝，而自称意大利王——这个称号已经被罗马人抛弃了整整 1000 年。由于这时的西罗马帝国大部分国土已经被蛮族瓜分，西罗马帝国实质上灭亡了。

罗马帝国（公元 476 年）

15-5 东哥特王国和阿里乌教义

狄奥多里克

公元 493 年，原本盘踞在东罗马帝国西部的早已罗马化的东哥特人（Ostrogoths）狄奥多里克（Theodoric，意大利国王，494—526 年在位），在东罗马帝国的怂恿下，领兵入侵意大利，击败奥多亚赛，成为新的意大利国王。

阿里乌

东哥特人像大部分的哥特蛮族一样，早就慕名信奉了基督教，不过他们接受的是其中的阿里乌派教义。阿里乌（Arius，约 250—336）是埃及亚历山大的教士。在对基督与上帝之间的关系这个无比复杂而又至关重要的问题的解释中，他看重基督的人性，认为圣子是受造物中的第一位，基督既不是上帝也不是人，而是上帝与人之间的媒介。这个主张与另一派主张的三位一体的教义形成强烈对立。对于当时的基督教以及日后很多的一神教来说，可恶之人中尤为可恶绝对不能宽容的就是那些虽然有着同样信仰但却对信仰有着不同理解的所谓持异端思想的人。他们是比异教徒更危险的敌人。在必要的时候，哪怕与异教外敌妥协引狼入室，也一定要首先消灭同教的异端分子。

在公元325年由君士坦丁主持的尼西亚公会议上，阿里乌教义被认定为基督教异端。阿里乌及其同党被流放。但或许是因为他的教义更容易被理解的缘故，阿里乌和他的信徒们成功地将他的教义传播到边境地区的各个哥特部落，包括汪达尔人、西哥特人以及狄奥多里克手下的东哥特人。

君士坦丁下令焚毁阿里乌教义书籍

15-6 拉韦纳的新圣阿波利纳尔教堂

东哥特王狄奥多里克继续以拉韦纳作为意大利的行政中心。他在公元490年建造了一座巴西利卡式的新圣阿波利纳尔教堂（Basilica of Sant' Apollinare Nuovo）。这座教堂不设横厅，中厅侧墙由优美的拱券构造加以支撑，墙上两边分别整整齐齐地排列着马赛克拼嵌的26位殉教男信徒和22位女信徒的形象。他们身处在天国，表情都非常平静，看不出曾经遭受过任何的人

新圣阿波利纳尔教堂

新圣阿波利纳尔教堂内部

新圣阿波利纳尔教堂墙面局部

新圣阿波利纳尔教堂镶嵌画：《最后的晚餐》

新圣阿波利纳尔教堂镶嵌画：《好牧人》

间苦难。再往上窗子的两旁是一些圣人的形象，他们可能是受阿里乌教派的尊崇，后来东哥特人失败后被抹去了名字。最上面是基督的生平。

新圣阿波利纳尔教堂的镶嵌画是早期基督教时代镶嵌画艺术的杰出代表。在教会的影响下，人们不再推崇人体的力量和自然美，对人体的研究被与偶像崇拜和不道德的思想挂钩而遭到禁止。甚至在公共浴场洗浴这样一种非常好的卫生习惯，都因为需要在他人面前裸体，而被当成不道德的事情遭到禁止。画家们不能再去面对活生生的人体作画，而只能去临摹前人的画作。人物身上的衣褶不再具有立体的效果，也不再能够表现衣物里面的肢体，而是完全成为一种装饰。在以前的希腊罗马古典时代，绘画和雕塑是给那些能够欣赏和赞美精湛技艺的高雅的贵族准备的。而现在，教堂里的绘画和雕塑却是提供给那些目不识丁的奴隶和野蛮人。两者的欣赏趣味和对艺术的评判标准完全不同。绘画艺术就技术的发展来说确实陷入了停顿甚至倒退。然而，就像罗马的君士坦丁凯旋门上的雕塑一样，我们同样不能说这时期的绘画一无是处。这些画作无一例外都是信仰的产物。E. H. 贡布里希（E. H. Gombrich，1909—2001）说："埃及人画他们知道（Knew）确实存在的东西，希腊人画他们看见（Saw）的东西，而在中世纪，艺术家画他感觉（Felt）到的东西。"[38] 在这个时代，艺术家不再想去刻画人物的外部造型，而是希望表现人物的内在精神，而这种内在的精神足以弥补所有的技术缺陷。在这些壁画中，每个人物都有一双瞪大的眼睛。李格尔说："看见这巨大的眼睛，人们便立即明白，这些才是人物的主要因素，因为眼睛是心灵之镜，而人的物质性躯体则不是主要的东西。"[39] 这同样是时代"艺术意志"的体现。

新圣阿波利纳尔教堂马赛克镶嵌画局部（一）

新圣阿波利纳尔教堂马赛克镶嵌画局部（二）

15-7 查士丁尼夺回意大利

公元 527 年，查士丁尼（Justinian I，527—565 年在位）成为东罗马帝国皇帝。雄心勃勃的他决心夺回西帝国，恢复帝国荣耀。公元 533 年，他派出大军远征，首先夺取了汪达尔人（Vandals）盘踞的非洲，而后经过长达 18 年的反复争夺，最终于公元 553 年击败了东哥特人，恢复对意大利的直接统治。表面上看起来，罗马帝国再次获得了统一。然而，为这个统一所付出的代价是极为昂贵的。在长期的战争中，罗马五度易手，其中三次被惨烈围攻，遭受到前所未有的摧残，人口损失大半，包括输水道在内的基础设施损毁殆尽。伟大的罗马从此成为历史，一直要等待整整 1000 年之后，才能在文艺复兴的浪潮中再现辉煌。

东罗马帝国（公元 533—553 年）

15-8 拉韦纳的圣维塔莱教堂

在这期间，拉韦纳作为意大利的首府，建筑事业持续繁荣。

拉韦纳的圣维塔莱教堂，右下角为普拉西提阿陵墓

公元547年建造的拉韦纳圣维塔莱教堂（Church of San Vitale）位于加拉·普拉西提阿陵墓旁边，是一座非常特别的集中式教堂。它的平面呈八边形，中央空间周围除圣坛外的七个面都有带半穹顶的半圆形小室，背面用柱廊代替墙面，并与外围更低的环形走廊相通。它的圣坛设在面对大门的一间地面加高的半圆形凹室中。

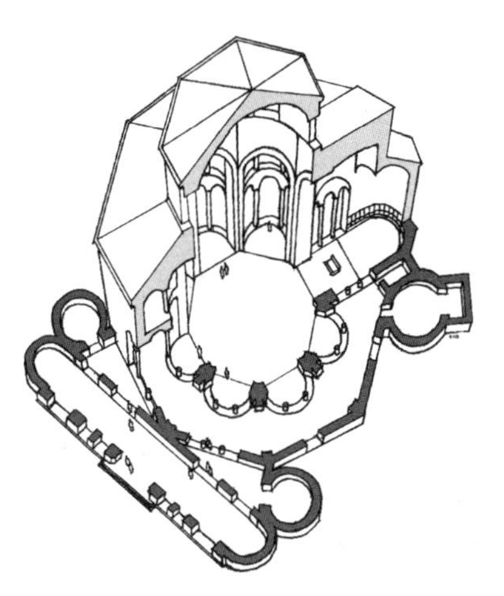
圣维塔莱教堂解剖图

前面我们介绍过，巴西利卡教堂的空间焦点是在圣坛部位。在巴西利卡教堂里，教士就站在圣坛前，面对他前面所有的信徒布道，他的地位得到那些透视线的突出强调。在西罗马帝国灭亡之后，罗马教皇成为西方至高无上的精神领袖，他和他的教士们

罗马的大圣母玛利亚教堂，空间焦点是圣坛处的教士

是巴西利卡教堂当然的主角。

与之相比，集中式教堂的空间焦点却不是圣坛，而是在高耸的中央穹顶的下方。在集中式教堂中，圣坛前的教士地位并不突出，相反，站在他的面前听他布道的皇帝或皇帝的代表才是重要的人物。在皇权巩固的东罗马帝国，皇帝是上帝在人世间的代言人，而教士只是受皇帝委托代为管理教会事务的人。尽管皇帝也是基督徒，也要参加教堂仪式，但教士在其中只是扮演主持人的角色。他们两者的地位差别刚好能够在集中式教堂中得到体现，崇高神圣的穹顶将皇帝的权威充分体现出来。与没有皇帝的西方教会鼓励信徒以礼拜行列接近圣坛不同，东罗马帝国教会禁止普通信徒接近圣坛，而把这一特权留给皇帝和社会高阶人物，普通信徒只能作为旁观者，在一旁观看皇帝向上帝奉献。由于这样的原因，集中式教堂在东罗马帝国以及后来的东正教会中特别受欢迎，而巴西利卡式则被冷落。

罗马的墙外圣保罗教堂平面图

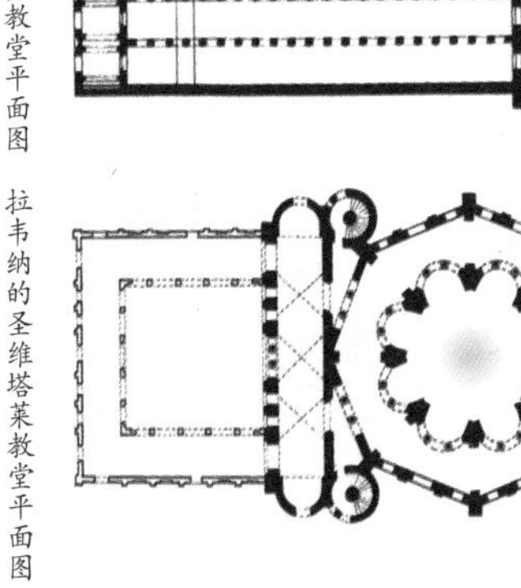

拉韦纳的圣维塔莱教堂平面图

拉韦纳的圣维塔莱教堂内部，穹顶下方才是空间焦点

圣维塔莱教堂中央穹顶

在这座圣维塔莱教堂的圣坛两侧和拱顶上，装饰着极为精美的公元6世纪的马赛克镶嵌画。其中有两幅画特别引人瞩目，一幅绘着手持圣饼盘的查士丁尼皇帝与他的主教、将军、朝臣和侍从的形象，另一幅则绘着手捧圣餐杯的皇后狄奥多拉（Theodora，约500—548）和侍女的形象。这两幅画都是那个时代镶嵌画艺术的杰出代表。

圣维塔莱教堂圣坛拱顶

圣维塔莱教堂镶嵌画，中央为查士丁尼皇帝

15-9

抹角拱和帆拱

圣维塔莱教堂的平面是八边形的，这种平面虽然便于覆盖圆形穹顶，但却不容易与大多数为方形平面的其他空间相结合。集中式建筑要想得到更大的发展，必须要解决一个重要的技术性问题——如何将圆形平面的穹顶覆盖在方形的平面上。

直接用悬挑出的石块抹角以获得圆形平面

对于较小的方形空间来说，这个问题比较好办：用一块较长的石头就可以直接将直角给抹圆了。但这样做所形成的内部形象较差，而且石头的力学性能也不允许有较大的出挑，空间不可能做得太大。

抹角拱

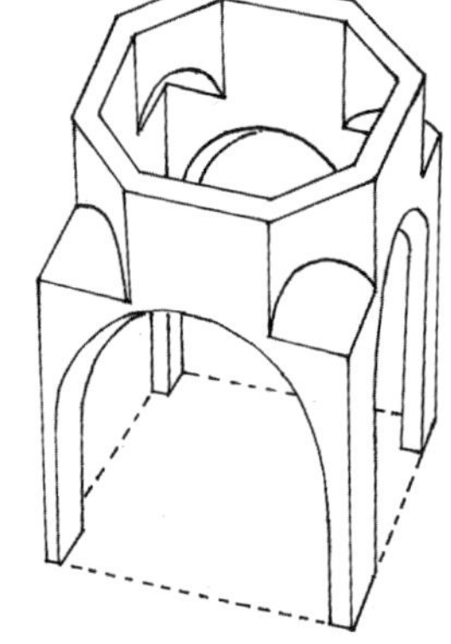

另一种办法是使用抹角拱（Squinch，或称喇叭拱、突角拱、扇形穹顶），通过在角上斜向砌筑圆拱，使方形平面变成八边形。进一步地，还可以用更小的抹角拱将八边形变成更接近圆形的十六边形，进而变成真正的圆形基座，然后就可以在上面砌筑圆穹顶了。这种方式后来在东欧和伊斯兰教建筑中都比较流行，但它的空间形象仍然不够简洁。

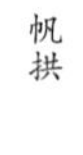

帆拱

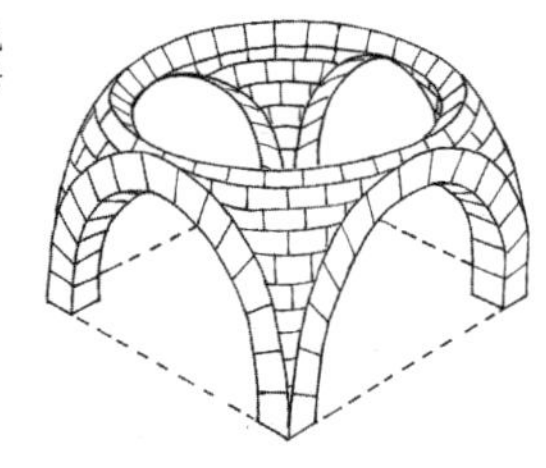

肯定是经过很长时间的探索，工匠们终于找到一种更理想的解决方法。他们先在方形平面的四个边放券，然后再在四个券间向上砌成如球面三角形的帆拱（Pendentive），四个帆拱的上缘正好连成圆形。以这个圆形为基础就可以砌筑完整的穹顶。这样形成的帆拱式穹顶（Pendentive Dome）不仅实现了将圆形平面的穹顶覆盖在方形平面上的要求，而且穹顶与帆拱基座的连接非常自然协调。

15-10

君士坦丁堡的圣索菲亚大教堂

最先运用这一帆拱穹顶新技术的是历史上最伟大建筑之一的君士坦丁堡圣索菲亚大教堂（Hagia Sophia）。

公元532年，一场由暴乱引发的大火将君士坦丁堡的中心城区化为灰烬，最初由君士坦丁的儿子建造的巴西利卡式大教堂也被火焚毁。暴乱平息后，查士丁尼立即下令重建大教堂。工程由来自小亚细亚的杰出数学家安特米乌斯（Anthemius）和建筑师伊西多尔（Isidore）负责。公元537年，大教堂建造完成。但是由于穹顶过于扁平，不久之后就在公元558年局部倒塌了。查士丁尼委托伊西多尔的侄儿伊西多里斯（Isidorus the Younger）重建穹顶，终于在公元562年将新的穹顶建造完成。

新的大教堂采用巴西利卡式和集中式相结合的新型式样，或者

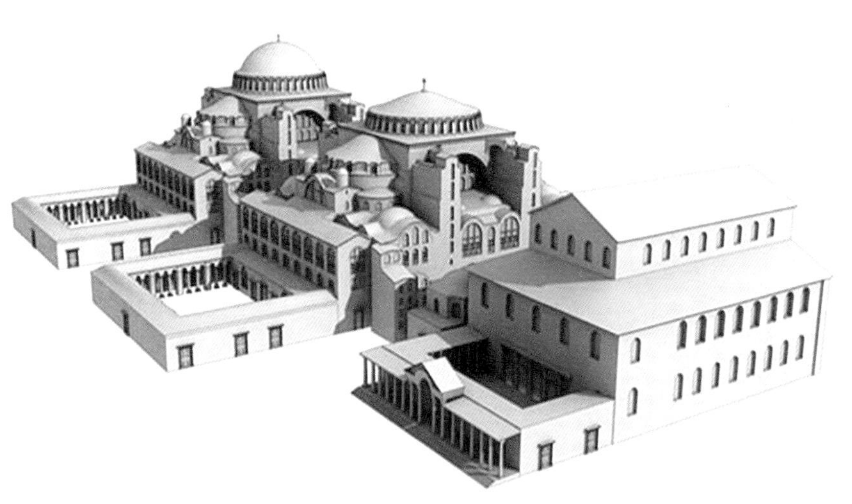

圣索菲亚大教堂：由前向后依次为360年、537年和562年的形态（引自：Byzantium1200）

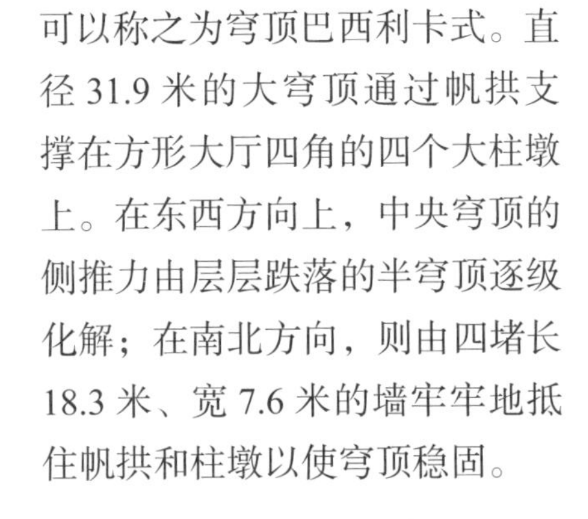

圣索菲亚大教堂解剖图（作者：F. A. Cenamor）

可以称之为穹顶巴西利卡式。直径 31.9 米的大穹顶通过帆拱支撑在方形大厅四角的四个大柱墩上。在东西方向上，中央穹顶的侧推力由层层跌落的半穹顶逐级化解；在南北方向，则由四堵长 18.3 米、宽 7.6 米的墙牢牢地抵住帆拱和柱墩以使穹顶稳固。

圣索菲亚大教堂内部

由于这个时候罗马混凝土技术已经失传了，加之西亚地区本身就是砖拱的发源地，所以这座大穹顶并不像罗马万神庙那样采用混凝土浇筑，而是用砖砌筑的。光线从 40 道砖砌拱肋间的小窗子射入，看上去似乎整个穹顶都漂浮在 56 米高的空中。那个时代有名的历史学家普洛可比乌斯（Procupius，500—554）描述说：“（这座穹顶）似乎不是置于底下的石造建筑之上，而像是用悬挂在天空高处的一条金链钩住似的。”[40] 其给人的匪夷所思的感觉甚至超出了直径更大的罗马万神庙。据说，查士丁尼在目睹这一人力所为的杰作之后激动地低声自语：“荣耀归属上帝，它教诲我完成如此伟大的工

圣索菲亚大教堂穹顶

程！哦！所罗门王[㊀]啊！我已胜过了你！”[41]

圣索菲亚大教堂柱廊局部

整个教堂内部的墙面和穹顶都装饰着精美的镶嵌画。柱子的颜色大多是深绿色的，柱头则是白色的，深雕的草叶上是精致的卷涡。地面铺装也非常精美，采自埃及的大理石多彩而精美的纹理仿佛是百花盛开的草地。普洛可比乌斯形容说：“一个人到这里来祈祷的时候，立即会相信，并非人力，并非艺术，而是只有上帝的恩泽才能使教堂成为这样，他的心飞向上帝，飘飘荡荡，觉得离上帝不远……”[42]

圣索菲亚大教堂地面局部

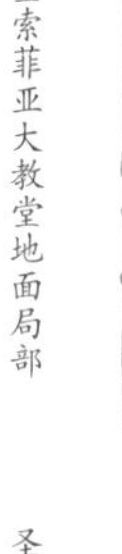

但是非常可惜的是，许多最精彩的人物装饰画却已在公元8世纪爆发的一场反偶像崇拜运动中灰飞烟灭了。

圣索菲亚大教堂内的基督像

《旧约圣经》中明白写着禁止“雕刻偶像”（《旧约全书·申命记》第四章第十六节），基督教徒理应信仰唯一的神。但是在

㊀ 古代以色列国王所罗门（Solomon，约前970—前931年在位）曾在耶路撒冷建造了犹太教的第一座大神庙。查士丁尼将这两件事相提并论，是要突显自己的伟大。

那个时代，表现偶像的绘画和雕塑并没有被完全禁止。这是因为中世纪的基督徒绝大多数都是目不识丁的贫苦群众，他们需要一定的形象来帮助他们理解教义和坚定信仰。就连罗马教皇也赞成绘画的存在。格列高利大教皇（Pope Gregory I，590—604 年在位）就说：“文章对识字的人能起什么作用，绘画对文盲就能起什么作用。”

另一方面，在大多数基督徒的内心里，上帝是无比严厉的，“一个卑微的罪人如何敢向那样可畏及遥远的宝座祈祷呢？”耶稣基督虽然比较接近人间，但也是上帝的化身，人们也不太敢面对面和他交谈。因此，就如威尔·杜兰（W. Durant，1885—1981）形容的那样：“向一个已在天堂的圣徒祈祷似乎是更明智些，可要求圣徒在基督前代求。于是由这些已死而犹存在天的圣徒，又激起了古代颇为盛行的多神论，使基督教的礼拜中，充满一种令人振奋的心灵交流，一种天地间兄弟般的亲切感，而弥补了信仰中晦暗阴沉的成分。每一个国家、城市、大寺院、教堂、同业公会、个人及生命难关，均有其守护神。”[43]

与此同时，教会也发现农村的信徒们依然对自然的某些物质表示尊崇或迷信。他们认为与其严厉地但可能劳而无功地破除这些“偶像崇拜”，还不如保持它们并利用它们来达到传播宗教的目的来得明智。于是，各种各样的迷信和偶像崇拜在披上基督教的外衣下又复活了。从所谓的“守护神”到圣人、圣物、圣迹以及神圣节日，被欧洲千千万万的男女所信仰，有千千万万的圣迹传说在流行。这是中世纪基督教发展史上一个非常有意思的现象。

在这之中，最有代表性的是对圣母玛利亚的崇拜。教会本来是普遍敌视女人的，视之为诱人犯罪的根源。但是，对于信徒来说，他们往往觉得可以经由圣母而接近基督。圣母从不拒绝人，而她的

“儿子”也不会拒绝她。通过对圣母玛利亚的崇拜，使基督教从一种宣扬末日审判的恐怖宗教，转变为一种慈爱怜悯的宗教。在东罗马帝国和东正教的每一个家庭和教堂里都悬挂着圣母像。而在西方，则出现了大量的以圣母为名的教堂，以及许多纪念圣母生平的节日。[44]

圣索菲亚大教堂内的圣母子画像

然而这种现象却激怒了公元717年上台的皇帝利奥三世（Leo III，717—741年在位）。面对当时在东方骤然兴起的伊斯兰教强敌威胁，面对伊斯兰教对基督教背弃摩西十诫的指责，利奥三世有理由将已经在基督徒中泛滥的偶像崇拜看成是一切灾祸的根源。公元726年，他下令去除帝国境内所有教堂里的全部雕像和绘画，包括基督和圣母的形象，从而开启了一场轰轰烈烈的反偶像崇拜运动。

利奥三世

反偶像崇拜运动，作于公元9世纪

这场运动对尚未感受到伊斯兰教巨大威力也不受皇帝管辖的西方基督教几乎没有产生任何影响。但在东罗马帝国，它的影响

改成清真寺后的圣索菲亚大教堂（作者：C. G. Fossati）

从西南方向远望圣索菲亚大教堂

却持续了将近一个世纪。包括圣索菲亚大教堂在内的大量珍贵的早期壁画、雕刻都遭到无法挽回的破坏。

1453 年，土耳其人占领君士坦丁堡，圣索菲亚大教堂被改为清真寺。伊斯兰教禁止一切形式的偶像崇拜，于是那些曾经在反偶像崇拜运动结束后得到恢复的画作又被涂抹掉了。

好在这些争端都已经成为历史。今天的圣索菲亚大教堂已经成为一所瞻仰古代建筑奇观、体会罗马帝国最后辉煌的博物馆。

第十六章 拜占庭时代

“我们所从事的攻击，自创世以来，从无人有过此等功业。”

16-1

拜占庭帝国

查士丁尼时代的辉煌是代价昂贵和短暂的，他的野心耗尽了国库。在他死后不久，公元 568 年，一支新的蛮族部落伦巴第人（Lombards）又侵入意大利并占据了意大利北部。只有南部和中部的一些城市和岛屿仍然保留在东罗马帝国的控制下。自从公元前 264 年获得统一以来，意大利 800 年来首次陷入分裂状态。这一分裂将持续 1300 年，直到 1860 年，意大利才重新获得统一。

公元 7 世纪起，东罗马帝国的许多方面都发生了变化。再次失去使用拉丁语的罗马和意大利之后，由于帝国剩下的主要区域都是使用希腊语，于是希腊语就取代拉丁语成为帝国的正式语言。这样一来，东罗马帝国就永远失去了“罗马”两个字所代表的固有含义。由于在伦巴第人的入侵中，君士坦丁堡没有尽到作为宗主国应尽的保护国民的责任，罗马教会从此不得不自行其是。他们与另外一支野蛮人法兰克人建立联系，借助他们来对抗伦巴第人。于是罗马与君士坦丁堡之间的隔阂进一步加深了。而差不多同时发生的反偶像崇拜运动更是将君士坦丁堡与不赞成破坏偶像的西部教会之间的裂痕扩大到无法弥合的程度。1054 年，基督教会最终分裂成以罗马教皇为精神领袖的天主教（Catholicism）㊀和以君士坦丁堡教会为中心的东正教（Eastern Orthodoxy）。东罗马帝国与正在经历痛苦新生的西方之间的联系越来越微弱了。虽然它的正式国号一直都是罗马帝国从来没有改变，但是后代的学者们更愿意用一个新的名称——拜占庭帝国（Byzantine Empire）——来称呼它。

㊀ “天主教”一词源出希腊文“Katholikos”，在西文中的意思是“全世界的”“普遍的”。明朝末年，耶稣会传教士罗明坚（M. Ruggieri，1543—1607）在中国传教期间著写的《圣教实录》一书首次采用“天主”一词来表示所信之神。该词取意自《史记·封禅书》，“八神，一曰天主，祠天齐”，表达“最高莫若天，最尊莫若主”和“天地真主，主神主人亦主万物”的思想。与该词相同意思的还有“上帝”一词，也是汉语里本有表达天帝、天神之词。如今，“天主”一词主要为中国天主教所用，“上帝”一词主要为中国基督教新教所用。——参见卓新平主编《基督教小辞典》有关词条。

16-2

君士坦丁堡的君士坦丁·利普斯修道院

从公元7世纪起，拜占庭帝国不断受到外敌入侵的威胁，甚至君士坦丁堡也曾多次受到围困，因而整个东部帝国的建筑活动大大减少。公元9世纪以后，政治形势趋于稳定，建筑活动也开始恢复。但这时的拜占庭帝国已经没有能力再去建造哪怕只有圣索菲亚教堂一半大的建筑了。于是大型教堂的建造基本停止，只有小型教堂仍在建设，并且以穹顶十字式为主逐渐形成了所谓的拜占庭特色。

位于君士坦丁堡的君士坦丁·利普斯修道院（Constantine Lips Monastrey）是拜占庭风格的代表建筑之一。它包括南北两座教堂，都是以穹顶为中心的四柱十字式巴西利卡教堂。除了中央穹顶之外，在圣坛和入口横厅的两侧还分别建造了较小的穹顶，使它的外观呈现出四个小穹顶簇拥着中央较大穹顶的典型拜

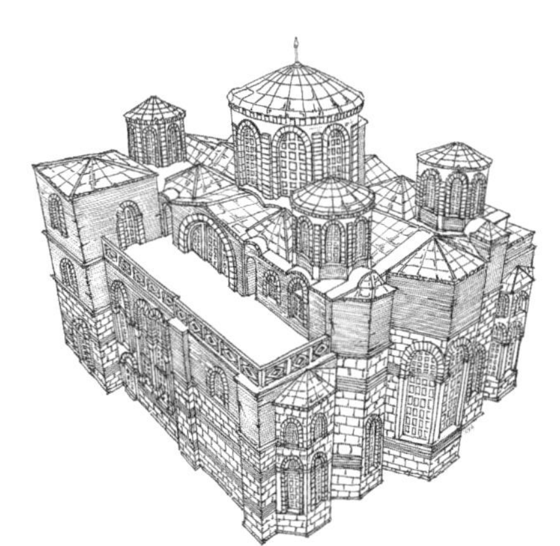

君士坦丁·利普斯修道院北教堂复原图

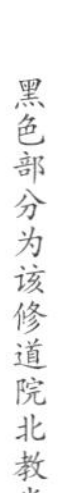

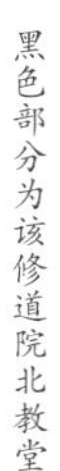

黑色部分为该修道院北教堂

君士坦丁·利普斯修道院穹顶

占庭教堂特征。

奥斯曼土耳其人到来后，这座修道院被改成清真寺（Fenari Isa Camii）。

16-3 卡帕多西亚

卡帕多西亚的岩窟建筑

今土耳其中部的卡帕多西亚（Cappadocia）地区，有许多经由天然风化、侵蚀形成的笋状石柱、石林。公元 8 世纪，许多不堪朝廷反偶像崇拜运动迫害的基督徒逃到这里，开挖石窟用作住宅和教堂，形成留存至今的奇特景观。

16-4 圣路加修道院

希腊始终是拜占庭帝国最重要的省份，在这里保存有许多拜占庭时期的教堂。

德尔斐附近的圣路加修道院（Hosios Loukas）[1]由两座教堂组成。其中位于北侧的圣母教堂（Church of the Theotokos）大约建于公元959—963年，平面略呈平行四边形，采用的是帆拱支撑穹顶的结构。位于南侧的主教堂建于1011年，其上为抹角拱支撑的穹顶，满布精美的镶嵌画，是拜占庭镶嵌画艺术的代表。

圣路加修道院平面图

圣路加修道院主教堂穹顶

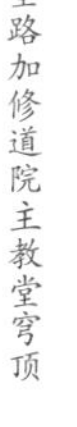

教堂的外墙装饰呈条纹状，是用白色石头和红色砖交替砌筑墙体而形成的。这种构造方式起先是因为石材匮乏，在本应使用石材的地方不得不使用砖块替代。但随之人们就发现其所蕴含着的美感，于是就成为一种追求，在君士坦丁堡和希腊地区都很流行，以后甚至流传到西欧，成为一种非常优美的装饰风格。

圣路加修道院

[1] 路加是圣保罗的门徒，《路加福音》和《使徒行传》的作者。

16-5 圣山阿索斯

圣山阿索斯

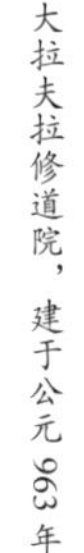

大拉夫拉修道院，建于公元963年

多奇亚里奥修道院，建于公元10世纪

希腊北部有一座突入爱琴海约60公里、宽仅7～12公里的细长半岛状的阿索斯山（Mount Athos），主峰高达1950米。亚历山大大帝时代，曾经有一位艺术家提出建议要将主峰前的一座小山整个雕成亚历山大坐像，并在山脚下建造殖民地。亚历山大因为这个地方不适合人类生存而“谦虚地”否决了这个建议。可是到了公元9世纪，却有一些修道士看中这个人迹罕至的地方，选择在这里隐居修行。到12世纪时，这里竟建起了多达180所修道院，成为东正教的第一圣地。这座山也因此被称为圣山。

今天，这里还有大约20所修道院仍在使用中。有2000名修道士仍然像他们的前辈一样在此隐居修行，自食其力，自给自足。

16-6

迈泰奥拉的“空中修道院”

迈泰奥拉（Meteora）位于希腊中部山区，这里有许多陡峭的山崖。公元9世纪时，有一些修道士看中这里是隐悟的静地，开始在此隐居修行。14世纪以后修士们在悬崖绝壁之上相继建起24所修道院。他们与外界的联系只能通过挂在峰顶的绳子，所以人们形象地称它们为“空中修道院”。修士们住在这样的地方真可以说是过着与世隔绝的生活。如今仍有六所修道院有修士在修行，其中两所为修女院。

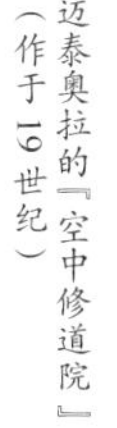

迈泰奥拉的『空中修道院』（作于19世纪）

卢萨诺修女院，建于16世纪

16-7

威尼斯圣马可大教堂

举世闻名的水城威尼斯（Venice）坐落在亚得里亚海尽头由118个珊瑚礁、159条水道组成的岛群之上，通过一条4公里长的海堤与陆地相连。

威尼斯

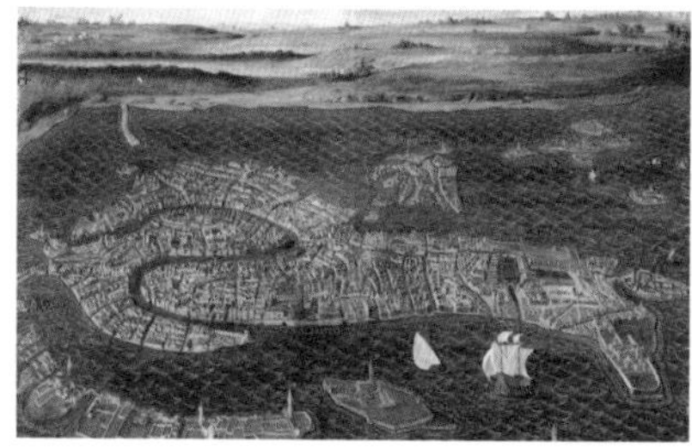

16世纪的威尼斯地图（作者：I. Danti）

在伦巴第人大举入侵的年代里，许多人渡海逃难至此，历经数百年，逐渐将威尼斯建设成为一座美丽、富饶而强大的海上城市。

当西方世界还处在中世纪的漫漫长夜之时，仍然臣属于拜占庭帝国的威尼斯人却在同东方文明社会的贸易交往中大获其利。公元828年，威尼斯人从埃及亚历山大城将圣彼得之徒、亚历山大首任主教马可的遗骸盗来，并修建教堂安放，敬奉圣马可为他们的守护神。1043—1094年间，富足的威尼斯人仿效君士坦丁堡神圣使徒教堂（Church of the Holy Apostles）㊀的式样重新建造了这座教堂，使之成为意大利不多见的拜占庭风格大教堂。

圣马可大教堂西侧立面

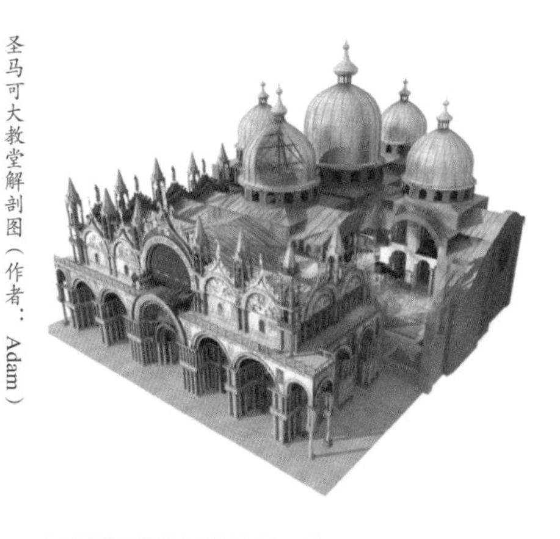

圣马可大教堂解剖图（作者：Adam）

新的圣马可大教堂（St Mark's Basilica）平面呈希腊十字式，全长约76米、宽62米。十字形的四个臂上都有穹顶，其中中央穹顶最大，直径约为12.8米，内部高28米。为使外观形

㊀ 这座教堂最早由君士坦丁建造，他的遗体曾安放于此。后来，查士丁尼曾予以完全重建。15世纪它被一座清真寺所取代。

象更加突出，穹顶的顶部又特意用木构架加高了一层，使中央穹顶的外观高度最终达到 43 米。

大教堂的正立面上有五座具有当时西欧流行的罗马风特点的拱门。拱门上摆放着四匹古罗马时代青铜战马像，它们是 1204 年第四次十字军东征时威尼斯人从君士坦丁堡掠夺来的战利品。1798 年拿破仑占领意大利后曾将它们掠至巴黎。对此意大利人只有无奈地抱怨："并非所有的法国人都是强盗，但有很多是的。"不过他们似乎忘了，这些艺术品也是他们从其他地方掠夺来的。拿破仑失败后，它们又被运回威尼斯。

圣马可大教堂局部（一）

大教堂内部表面也全都镶嵌着彩色大理石和金底马赛克，看上去金碧辉煌，素有"黄金宫"之称。

圣马可大教堂穹顶内部

16-8 帝国终曲

在意大利永久失去的同时，拜占庭帝国先是在东方同波斯人作战，而后又与公元 7 世纪兴起的穆斯林军队作战，丧失了中东和北非的全部土地。面对危机局面，拜占庭帝国向基督教兄弟的西方伸出求援之手。1095 年，罗马教皇乌尔班二世（Pope Urban Ⅱ，1088—1099 年在位）向西方各个国家发出号召，组织十字军讨伐穆斯林，并许诺参加者“罪得赦免”。

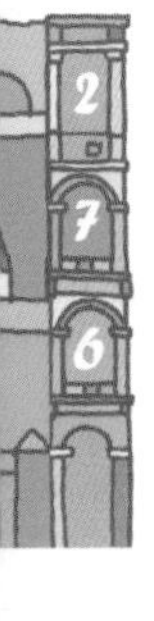

从 1095—1192 年，西欧各国的基督教骑士们先后进行了三次十字军东征，成功收复了耶路撒冷和巴勒斯坦，并在这里建立了基督教拉丁王国。但是垂涎于君士坦丁堡财富的威尼斯人却将第四次十字军的目标指向君士坦丁堡。在君士坦丁堡内部叛乱势力的引导下，1204 年，十字军悍然攻陷并洗劫了基督教拜占庭首都。

十字军东征（1096—1204 年）

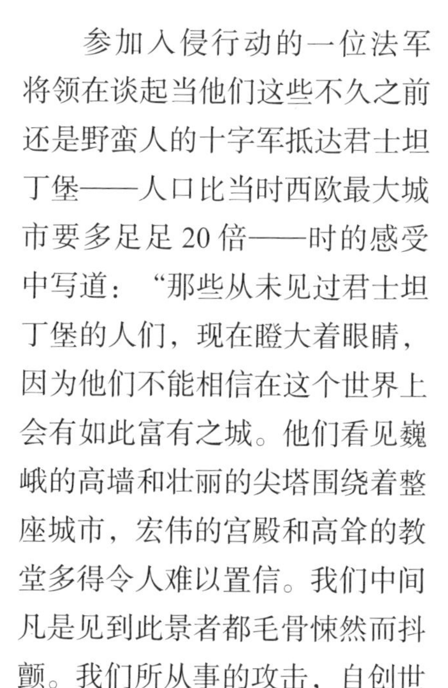

十字军攻陷君士坦丁堡（作者：J. P. Giovane）

参加入侵行动的一位法军将领在谈起当他们这些不久之前还是野蛮人的十字军抵达君士坦丁堡——人口比当时西欧最大城市要多足足 20 倍——时的感受中写道：“那些从未见过君士坦丁堡的人们，现在瞪大着眼睛，因为他们不能相信在这个世界上会有如此富有之城。他们看见巍峨的高墙和壮丽的尖塔围绕着整座城市，宏伟的宫殿和高耸的教堂多得令人难以置信。我们中间凡是见到此景者都毛骨悚然而抖颤。我们所从事的攻击，自创世以来，从无人有过此等功业。”[45]

穆罕默德二世进入君士坦丁堡（作者：F. Zonaro）

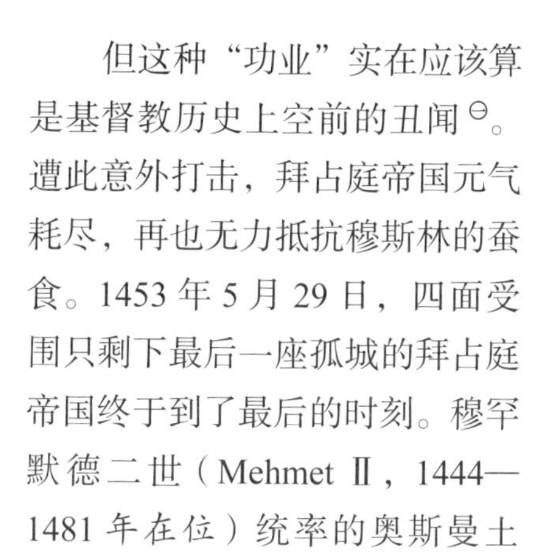

但这种“功业”实在应该算是基督教历史上空前的丑闻㊀。遭此意外打击，拜占庭帝国元气耗尽，再也无力抵抗穆斯林的蚕食。1453 年 5 月 29 日，四面受围只剩下最后一座孤城的拜占庭帝国终于到了最后的时刻。穆罕默德二世（Mehmet Ⅱ，1444—1481 年在位）统率的奥斯曼土

㊀ 罗马教会始终对这个灾难持谴责态度。整整 800 年后，教皇保禄二世（Saint John Paul Ⅱ，1978—2005 年在位）面对来访的君士坦丁堡牧首时，对 800 年前西方基督徒所犯下的这一罪行，向东正教兄弟姐妹们致以深深的歉意。

耳其大军攻入君士坦丁堡。罗马帝国最后一位皇帝君士坦丁十一世（Constantine XI，1449—1453年在位）英勇地战死城下。从恺撒和奥古斯都时代起，已经持续了整整1500年的罗马帝国终于落幕。

尾声

“我要把万神庙高举起来，架到君士坦丁巴西利卡的拱顶上去。”

从历史学家的角度来讲，罗马帝国确确实实是在 1453 年灭亡了。但是对于生活在那个时代的许多人来说，这不过是这座伟大城市的又一次陷落，或者是早已司空见惯的执政权的又一次更替而已，早已融入历史长河之中的罗马帝国并没有灭亡。

胜利进入君士坦丁堡的穆罕默德二世把自己的称号改成罗马帝国皇帝的称号——“恺撒”，然后就像一位真正的罗马帝国皇帝一样任命新的东正教会牧首，开始管理帝国。他并且把君士坦丁堡的新月标志放到了自己的旗帜中——直到今天它还在土耳其的国旗上。

土耳其国旗上的新月标志

莫斯科圣瓦西里大教堂，俄罗斯拜占庭风格的杰作

在北方，罗马帝国的崇拜者莫斯科大公伊凡三世（Ivan Ⅲ，1462—1505年在位）于1473年娶了君士坦丁十一世的侄女为妻。伊凡三世觉得自己理应是拜占庭帝国的继承人。1480年，他宣布俄罗斯为“第三罗马帝国”——他称拜占庭帝国为第二罗马帝国，开启了俄罗斯猛烈扩张的大门。后来的俄罗斯人称他为“伊凡大帝”。

查理曼加冕（作者：F. Kaulbach）

德国亚琛的查理曼宫廷礼拜堂，以拉韦纳的圣维塔莱教堂为原型

在西方，早在公元800年，参与瓜分西罗马帝国的法兰克野蛮人的首领查理曼（Charlemagne）就已经在罗马被有求于他的罗马教皇利奥三世（Pope Leo Ⅲ，795—816年在位）加冕为西罗马帝国皇帝，从而使这个已经中断了300多年的称号又重新在西欧启用起来。查理曼和法兰克野蛮人的后代断断续续沿用这个有名无实的称号，一直到1806年被拿破仑取消为止。

而在另一方面，受到君士坦丁堡陷落的刺激，文艺复兴运动在罗马帝国的起源地意大利遽然兴起。为了重塑基督教会的威权，教皇尼古拉五世（Pope Nicholas V，1447—1455 年在位）着手翻新已经有 1000 年历史的老圣彼得大教堂。他下令拆除大角斗场的表面石材。拆下来的石头加起来大约有 2000 多车，都被运往老圣彼得大教堂的维修工地。但不久尼古拉五世去世，工程因而停止。

1503 年，尤利乌斯二世（Pope Julius Ⅱ，1503—1513 年在位）成为教皇。他是一名最有力的艺术赞助人。在他的要求下，那个时代最伟大的艺术家伯拉孟特、拉斐尔和米开朗琪罗云集在罗马，将这座有过 1000 年辉煌历史而后又经历了 1000 年沉沦的城市重新拉上荣耀的巅峰。1505 年，尤利乌斯二世下定决心彻底重建圣彼得大教堂。他任命伯拉孟特为工程总监。伯拉孟特立志要建造一座罗马最宏伟的建筑。他宣称：“我要把万神庙高举起来架到君士坦丁巴西利卡的拱顶上去。”他的这一想法经过拉斐尔、米开朗琪罗等人的传

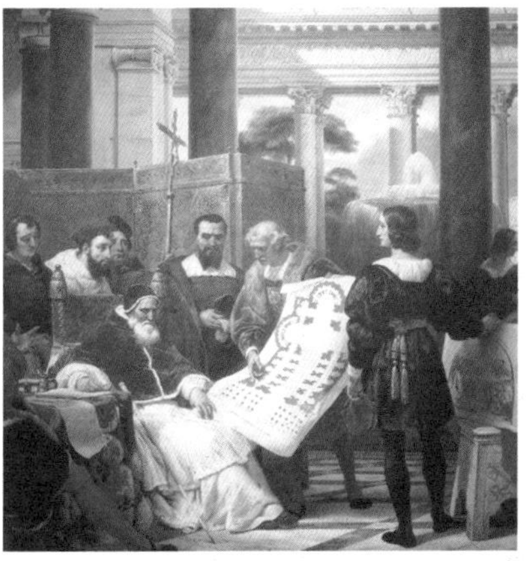

伯拉孟特向尤利乌斯展示教堂方案，两侧站着米开朗琪罗和拉斐尔（作者：Vernet）

伯拉孟特设计的新圣彼得大教堂，纪念章制作于 1506 年奠基式

递之后，最终在 1590 年得以实现。

这座建筑超越了此前人类建造过的一切建筑。它的内部直径 41.9 米，非常接近万神庙，而穹顶的高度竟然达到 123.4 米，几乎是万神庙的三倍；其四个拱臂宽 27.5 米、高 46 米，更是大大超出君士坦丁巴西利卡的拱顶。古代罗马人创造的辉煌成就至此已经被彻底超越。欧洲历史掀开了崭新而前途光明的一页。

附录：罗马城古罗马时代历史建筑分布图

罗马城古罗马时代历史建筑分布图（仅列出在本书中介绍的古建筑，以本书中的介绍顺序编号）

罗马城古罗马时代历史建筑分布图（仅列出在本书中介绍的古建筑，以本书中的介绍顺序编号）

参考文献

[1] 李维 . 建城以来史 [M]. 张强 , 等译 . 上海：世纪出版集团，上海人民出版社，2005：25-37.
[2] 希罗多德 . 历史 [M]. 王以铸 , 译 . 北京：商务印书馆，1985：49-50.
[3] 刘易斯 · 芒福德 . 城市发展史 [M]. 宋俊岭，等译 . 北京：中国建筑工业出版社，2005：230.
[4] 盐野七生 . 罗马人的故事 X [M]. 韦平和，译 . 北京：中信出版社，2012：65.
[5] 阿庇安 . 罗马史：上卷 [M]. 谢德风，译 . 北京：商务印书馆，1985：49-50.
[6] Claude Moatti. 罗马考古——永恒之城重现 [M]. 郑克鲁，译 . 上海：上海书店出版社，1998：152.
[7] 盐野七生 . 罗马人的故事 III[M]. 刘锐，译 . 北京：中信出版社，2012：11.
[8] 盐野七生 . 罗马人的故事 III [M]. 刘锐，译 . 北京：中信出版社，2012：26.
[9] 苏维托尼乌斯 . 罗马十二帝王传 [M]. 张竹明，等译 . 北京：商务印书馆，1995：1.
[10] 恺撒 . 高卢战记 [M]. 任炳湘，译 . 北京：商务印书馆，2014：196-198.
[11] 丘吉尔 . 英语民族史 · 第一卷 · 不列颠的诞生 [M]. 薛力敏，林林，译 . 海口：南方出版社，2004：3.
[12] 恺撒 . 高卢战记 [M]. 任炳湘，译 . 北京：商务印书馆，2014：87.
[13] 阿庇安 . 罗马史：下卷 [M]. 谢德风，译 . 北京：商务印书馆，1985：186.

[14] 盐野七生 . 罗马人的故事 V[M]. 谢茜，译 . 北京：中信出版社，2012：248.
[15] 威尔・杜兰 . 世界文明史・卷三・恺撒与基督 [M]. 幼狮文化公司，译 . 北京：东方出版社，1998：279.
[16] 苏维托尼乌斯 . 罗马十二帝王传 [M]. 张竹明，等译 . 北京：商务印书馆，1995：91-92.
[17] 威尔・杜兰 . 世界文明史・卷三・恺撒与基督 [M]. 幼狮文化公司，译 . 北京：东方出版社，1998：456.
[18] 威尔・杜兰 . 世界文明史・卷三・恺撒与基督 [M]. 幼狮文化公司，译 . 北京：东方出版社，1998：395.
[19] 苏维托尼乌斯 . 罗马十二帝王传 [M]. 张竹明，等译 . 北京：商务印书馆，1995：109.
[20] 盐野七生 . 罗马人的故事 VI [M]. 徐越，译 . 北京：中信出版社，2012：178.
[21] 刘易斯・芒福德 . 城市发展史 [M]. 宋俊岭，等译 . 北京：中国建筑工业出版社，2005：205.
[22] 刘易斯・芒福德 . 城市发展史 [M]. 宋俊岭，等译 . 北京：中国建筑工业出版社，2005：201.
[23] 卡米诺・西特 . 城市建设艺术 [M]. 仲德昆，译 . 南京：东南大学出版社，1990：5.
[24] 陈志华 . 外国造园艺术 [M]. 郑州：河南科学技术出版社，2001：36.
[25] 塔西佗 . 塔西佗：《编年史》[M]. 王以铸，等译 . 北京：商务印书馆，1981：535-538.
[26] 苏维托尼乌斯 . 罗马十二帝王传 [M]. 张竹明，等译 . 北京：商务印书馆，1995：242.
[27] 苏维托尼乌斯 . 罗马十二帝王传 [M]. 张竹明，等译 . 北京：商务印书馆，1995：316.
[28] Claude Moatti. 罗马考古 [M]. 郑克鲁，译 . 上海：上海书店出版社，1998：163.
[29] 盐野七生 . 罗马人的故事 XI[M]. 陈涤，译 . 北京：中信出版社，2012：18.

[30] Claude Moatti. 罗马考古 [M]. 郑克鲁，译 . 上海：上海书店出版社，1998：175.

[31] 爱德华·吉本 . 罗马帝国衰亡史：上册 [M]. 黄宜思，黄雨石，译 . 北京：商务印书馆，1997：227-228.

[32] 里德 . 艺术的真谛 [M]. 王柯平，译 . 沈阳：辽宁人民出版社，1987：8.

[33] 里德 . 艺术的真谛 [M]. 王柯平，译 . 沈阳：辽宁人民出版社，1987：13-14.

[34] 李格尔 . 罗马晚期的工艺美术 [M]. 陈平，译 . 长沙：湖南科学技术出版社，2001：83.

[35] 沃林格 . 抽象与移情 [M]. 王才勇，译 . 沈阳：辽宁人民出版社，1987：127-128.

[36] 沃林格 . 抽象与移情 [M]. 王才勇，译 . 沈阳：辽宁人民出版社，1987：10.

[37] 盐野七生 . 罗马人的故事 XV[M]. 田建华，等译 . 北京：中信出版社，2012：120.

[38] 贡布里希 . 艺术的故事 [M]. 范景中，译 . 北京：三联书店，1999：165.

[39] 李格尔 . 罗马晚期的工艺美术 [M]. 陈平，译 . 长沙：湖南科学技术出版社，2001：132.

[40] 威尔·杜兰 . 世界文明史·卷四·信仰的时代 [M]. 幼狮文化公司，译 . 北京：东方出版社，1998：178.

[41] 威尔·杜兰 . 世界文明史·卷四·信仰的时代 [M]. 幼狮文化公司，译 . 北京：东方出版社，1998：177.

[42] 陈志华 . 外国建筑史 [M]. 北京：中国建筑工业出版社 ,1979：69-70.

[43] 威尔·杜兰 . 世界文明史·卷四·信仰的时代 [M]. 幼狮文化公司，译 . 北京：东方出版社，1998：968.

[44] 威尔·杜兰 . 世界文明史·卷四·信仰的时代 [M]. 幼狮文化公司，译 . 北京：东方出版社，1998：973-975.

[45] 威尔·杜兰 . 世界文明史·卷四·信仰的时代 [M]. 幼狮文化公司，译 . 北京：东方出版社，1998：787.